智能感知专业核心课系列教材

智能信号处理

李　潍　编著

东南大学出版社
SOUTHEAST UNIVERSITY PRESS
·南京·

内 容 简 介

本教材编写以仪器科学技术为背景，将传统信号处理方法与人工智能技术相结合，从基础、方法、应用等方面对智能信号处理进行了系统化介绍和阐述。其主要内容有：概述、信号处理基础、人工智能基础、一维信号智能处理、二维信号智能处理、三维信号智能处理、智能信号处理应用等。在介绍智能信号处理方法时按照信号维度的不同进行系统化阐述，使得教材结构更为清晰。还介绍了智能信号处理技术在机器人、定位、农业、城市和医疗等方面的应用。通过智能信号处理技术在实际场景中的应用举例，使读者可以更加深入地理解相关理论知识。

本教材可作为智能感知、电子信息、测控技术与仪器、人工智能等专业的教材，亦可提供给有需求的教师与科研人员参考。

图书在版编目(CIP)数据

智能信号处理 / 李潍编著. —南京：东南大学出版社，2024.8

ISBN 978-7-5766-1151-9

Ⅰ. ①智… Ⅱ. ①李… Ⅲ. ①人工智能—应用—信号处理—教材 Ⅳ. ①TN911.7

中国国家版本馆 CIP 数据核字(2024)第 020558 号

责任编辑：姜晓乐　责任校对：韩小亮　封面设计：企图书装　责任印制：周荣虎

智能信号处理

Zhineng Xinhao Chuli

编　　著：李　潍
出版发行：东南大学出版社
社　　址：南京四牌楼 2 号　邮编：210096
出 版 人：白云飞
网　　址：http://www.seupress.com
经　　销：全国各地新华书店
印　　刷：广东虎彩云印刷有限公司
开　　本：787 mm×1 092 mm　1/16
印　　张：10.5
字　　数：236 千
版　　次：2024 年 8 月第 1 版
印　　次：2024 年 8 月第 1 次印刷
书　　号：ISBN 978-7-5766-1151-9
定　　价：49.80 元

前　　言

智能信号处理是以信号处理为基础，并伴随人工智能技术迅猛发展而兴起的一项技术。这项技术是传统信号处理与人工智能的融合，也是仪器科学与技术、控制系统与工程、计算机科学与技术、信息通信技术等诸多学科的重要基础，在人类探索自然的过程中具有积极的推动作用。

本教材从基础、方法、应用等方面由浅入深地对智能信号处理进行了介绍与阐述。全书共分为7个章节。第一章对智能信号处理进行整体的概述，回顾信号处理技术的发展历程。第二至三章为智能信号处理基础，介绍信号处理与人工智能的基础知识；第四至六章为智能信号处理方法，从维度入手介绍信号的去噪、特征提取及分类方法；第七章为智能信号处理应用，内容涉及以仪器科学与技术为背景的智能信号处理技术的具体应用实例，介绍其在机器人、定位、农业、城市、医疗等方面的应用，使学生从应用的层面去理解该学科的原理以把握其精髓。

本教材的编写以仪器科学技术为背景，将传统的信号处理方法与人工智能技术相结合，有助于加强学生对智能信号处理技术的认识。不同于以往教材在介绍技术方法时按流程展开而不作区分，本教材在介绍智能信号处理方法时按照信号维度的不同进行系统化阐述，使教材结构更为清晰，有助于学生充分理解不同维度的智能信号处理流程与方法。

本教材可作为智能感知、电子信息、测控技术与仪器、人工智能等专业的教材或教学参考书。学生通过学习该教材中的理论方法与相关应用等内容，可以掌握常见的智能信号处理方法。除此之外，通过课本中提及的相关应用实例，学生能够进一步了解相关理论知识的具体应用，并加深对本教材内容的理解。这将有助于培养学生分析问题、解决问题的能力，并使学生切身感受实际场景中人工智能技术在信号处理中的应用，培养学生将理论与实际相结合的能力。

由于作者水平有限，书中难免有错误和不当之处，欢迎专家和读者给予批评指正。

作者　李　潍

2023年9月

目　　录

第1章 概 述

1.1 信号处理的基本概念

大多数信号的最初形式是物体的移动和改变。要对这些信号进行检测和处理，首先要将这些特性转化为电信号，然后将其转化为我们可以看见、听到或者使用的形式。信号处理是指根据不同的用途和需要，对不同种类的电信号进行加工，从而提取出有用的信息，是信号提取、转换、分析、综合等处理过程的总称。对模拟信号进行的处理叫做模拟信号处理，对数字信号进行的处理叫做数字信号处理(Digital Signal Process, DSP)。

1.2 智能信号处理的时代背景与发展历程

信号和信息处理的范围非常广泛，几乎无处不在，如电视、空调、微波炉等，所有的电子设备的运行都需要进行信号和信息处理。下面将简要地介绍信号和信息处理的发展历史。

首先要弄清楚信号和信息之间的差别：信号是承载信息的载体，如果没有信息，信号就没有任何意义；信息则是消息的抽象代名词，没有载体，它就没有任何意义。可以说，信号和信息是两种截然不同的概念，但却有着千丝万缕的联系。

信号产生于人类时代。在古代，人类还没有语言，他们互相用各种手势和肢体动作来传达自己的意思，如小心野兽、撤退等。随着人们生活条件的改善，人们的思想追求也越来越高，已不再满足于单纯的肢体语言，于是就有了语言。语言的诞生使得人类的文明程度达到了一个新的水平。

随着语言时代的发展，人们对各种语言的处理能力越来越强，他们开始将居住在同一个区域的人们所说的话归纳为一种统一、标准化的语言，从而形成了中文、英语、法语、俄语。这个漫长的历史过程，也是人类不断发展的一个过程。另外，他们还编写了各种辞书、字典，使语言更加标准化，这就是所谓的信息处理的规范化。

文字和语言的出现，极大地推动了人类的文明进步，历史的车轮也随之加速，进入了近代。第一次工业革命的到来，极大地刺激了人们之间的信息交流，以前“口耳相传”的方式，在很大程度上已无法满足人类的需求，于是便产生了“电话”。在电话还没有出现的时候，首先出现的是军事通信系统。1793年，法国的查佩兄弟在巴黎和里尔间建立了一条230 km的传递信号的托架式线路。它是一个包含16座信号塔的通信系统。信号器由绳索和滑轮控制，通过不同的角度来显示信号。那时法国与奥地利交战，仅一小时，通过信号系统，巴黎就传来了从奥军手里夺下埃斯科河畔孔代的捷报。

可以说，这种信号系统所做的工作，就是我们今天所说的“信号处理”。随着电报、电话等远程通信手段以及高速的数字计算机的问世，人类的信号处理能力达到了前所未有的高度。“信息时代”以来，人类一改采用传统的手工、低速计算器计算的方法，转而采用计算机来帮助人类完成各种复杂、困难的运算。

在高速数字计算机的辅助下，人类的信息处理能力得到了极大的提高，同时也出现了大量的信息处理算法和方法。从最初的模拟信号处理发展到数字信号处理；从处理确定的信号到处理一个随机的信号，这个过程所花费的时间非常短暂。19 世纪初，法国数学家傅里叶提出了傅里叶变换，到后来出现的拉普拉斯变换、Z 变换，以及快速傅里叶变换等，这些都被应用在了计算机的处理上。高速数字计算机与各种算法的结合，为信号和信息处理开辟了一个全新的纪元。

目前，数字信号处理技术已成为一种新兴技术，大规模集成电路的出现，使得数字信号的处理不再局限于计算机，而是发展到由专门的数字元件构成的硬件。由于其先进的技术和广泛的应用，数字信号处理技术得到了快速发展，有着广阔的发展前景。在语音处理、通信、声纳、雷达、地震信号处理、空间技术、自动控制系统、仪器、生物医学工程和家电行业中，数字信号处理技术必不可少。

综上所述，信号与信息处理经历了这样的一个发展历程：肢体语言信息→语言文字信息→远程通信与信息处理→模拟信号与信息处理→数字信号与信息处理。

随着时代的发展，工业 4.0 的时代已经来临。信息科技的发展，推动了信息产业整体的发展。当前，因特网技术已经广泛地应用于全球，各国的电子信息技术也在一定程度上得到了发展。在此背景下，信号处理技术也得到了快速的发展，并广泛地应用于社会生活的各个方面。信号处理技术已经和人类的日常生活紧密联系在一起。随着大数据时代的到来，信息处理技术在不断地更新和发展。信号处理技术的应用领域也更加广泛，包括数学、电子、商业、航天、计算机、网络、故障诊断等领域，并且它与计算机系统、网络系统、故障诊断等相关。比如 DSP，它是从各个学科的角度出发，将其他的基础理论转化到数字信号处理技术中。技术的结合，不仅促进了 DSP 技术的发展，而且还拓宽了其他学科的研究范围，开创了一种新的计算机技术理论。DSP 技术的基础就是将数据转化成计算机数据。这两种信息之间的交换需要采用数字信号处理技术。随着社会科技的飞速发展，计算机技术已渗透到社会的方方面面，同时也增加了对 DSP 技术的依赖。数字信号处理器是数字信号处理技术的关键，它能对各种类型的信号进行处理。DSP 技术发展到一定程度，就会出现这样的数字信号处理器，它包含一块芯片，可用来处理特定的信号，再把信号转换成模拟信号。DSP 技术已渗透到社会的各个领域，为人们的日常生活提供了极大的便利。

1.3 智能信号处理技术介绍与重要意义

数字信号处理技术关系到一个国家的科技水平，它是一种将图像、声音、视频等模拟信号转化成数字信号的技术，信号由相应的控制系统进行处理，从而大大改善了控制效果。

总的来说，目前的数字信号处理技术是指利用数字芯片对数据进行分析和处理的技术。比如，当系统工作时，采样电路会将模拟信号转化成相应的数字量，根据已有的控制逻辑，传入数字芯片中，就可以得到实际情况；再通过芯片对其进行控制，从而实现对数字信号的处理。由于其具有处理速度快、抗干扰能力强等特点，因此在现代的控制系统中得到了越来越多的应用。

数字信号处理技术已经渗透到了我们的日常生活中，简单地说就是把图像和视频变成数字信息。数字信号处理技术是一种不受外界干扰的技术，它可以对干扰进行精确的提取和分析，并通过技术将其转化为可以被识别的信息。我们可以看到，数字信号处理技术是信息的抽取、转换、处理的一个过程。数字信号处理器是数字信号处理技术中的一个重要组成部分。数字信号处理器对采集到的数据进行处理，再通过模拟的方式发送。由于传统的信号处理方法都是以模拟的形式进行，无法对其进行参数优化，从而会导致系统出现故障。而数字信号处理技术将多种高新技术结合在一起，可以对信号进行高效的提取和处理。另外，数字信号处理技术具有很强的灵活性，能够灵活地组合信息中的符号、数字，并对其进行分析和处理。在实际应用中，数字信号处理技术是一种非常实用的技术。

数字信号处理技术广泛地应用于各个领域，并能根据不同的工作原理，形成一系列的处理技术，能适应电路的回声、温度、噪声等多种因素。由于数字信号处理技术的稳定性，它能够把不稳定的信号转换成稳定的信号，从而被人类或电脑所识别。此外，数字信号处理技术(DSP)相比于以前的模拟处理方法，能够根据不同的参数进行变化和调整，并且具有很高的灵敏度，可以稳定自身的参数。DSP具有很好的适应性：一是芯片的变化具有灵活性；二是可以随时更换或添加或删除该软件的参数。另一方面，芯片的发展也促进了DSP的发展，为DSP技术的发展提供了便利，为集成电路带来了诸多的优点，使DSP的运算能力得到了提高，运算速度也得到了极大的提高。由于将信号的信息转换成了数字，因此也可以用数字过滤来消除信号的干扰，同时也可以将残缺的数据进行整理，形成可以被辨识和分析的数字化数据。DSP还有一个很大的优点，那就是价格上的优势。在数码信号处理技术的发展下，DSP芯片的价格也在不断降低。同时，DSP系统的设计也进入了一个相对平稳的发展阶段，系统的架构、资源的分配都在朝着规范化的方向发展，尤其是DSP接口更是如此。DSP技术的发展为相关技术工作者提供了广阔的发展空间，DSP技术的应用也将持续推进市场的发展。

随着科技的飞速发展，数字信号处理技术也逐渐趋于完善，在费用降低的同时，可靠性也得到了提高。现在的数字信号处理技术，已经可以与大数据技术、智能控制技术相结合，而其他技术，则可以用来有效地改善控制的性能，从而使系统的稳定性和性能得到进一步的改善。

随着信息时代对信息的需求，目前的信息处理技术正逐步向智能化发展，从信息载体到加工过程，大量模仿人类的智能，以处理各类信息。人工智能与认知科学相结合，将使人可以更好地发挥自己的理解力和控制力。对基于认知机制的智能信息处理的理论和方法进行研究，探讨其作用机制，构建可实施的计算模型，开发其应用前景，有望在未来的信息处理技术中取得突破。

当前，信号处理技术的发展主要有两个方向：一是面向大规模、多介质的信息，使得计算机具有较大的处理范围；二是与人工智能进一步融合，让计算机系统在处理资讯方面更加智能化。智能信号处理是一门以处理大量、复杂的信息，并以新的理论与技术为目的的综合性计算机科学前沿交叉学科。智能信号处理研究包括基础研究、应用基础研究、关键技术研究和应用研究。这不仅在理论上具有很高的研究价值，也在一定程度上影响着我国信息产业的发展，甚至在社会经济建设和发展中起着举足轻重的作用。

总体而言，智能是"计算智能"时代的一个重要理论基础，它包括神经网络、模糊系统和演化计算。当前，国内外对计算智能的研究主要集中在以下几个方面：将神经网络和演化计算相结合；将神经网络与模糊和混沌相结合；将神经网络与现代信号处理技术的子波、分型技术相结合，从而实现对人类大脑的智能控制。神经网络自身也可划分为人工神经网络(Artificial Neural Network，ANN)、二值化神经网络(Binarized Neural Network，BNN)和计算神经网络。总体来说，这一课题的研究范围较广，而且正在向更深的领域发展。

1.4 智能信号处理应用

(1) 智能机器人感知技术

计算机技术的发展、传感器精度的不断提高、检测技术的不断进步以及各种控制理论和高级算法的产生、组合和融合，使得机器人技术不断实现新的突破。智能信号处理技术与计算机技术的结合促成了智能机器人的诞生与发展。复杂而先进的融合算法实现了多传感器数据的优势互补，可以将多个模型决策相融合，极大地提高了机器人决策推理、抵抗干扰、选择最优方案的能力。

21世纪初，国内人工智能技术飞速发展，机器人的应用得到了推广，其功能得到了重视。为满足各个领域新出现的众多需求，以让机器人代替人类完成更多复杂、繁重、危险的工作，仿真机器人、医疗机器人、农业机器人等纷繁复杂的机器人开始出现并得到实际应用。较为完整的机器人视觉系统、触觉系统及机器人运动学、机器人动力学体系逐渐开始形成。至此，我国机器人事业的发展已达到如火如荼的阶段，机器人在许多领域能够完全代替初级工人，甚至能够更加准确地完成某些较为简单的工作。

(2) 智能室内外定位技术应用

自诞生起，人类文明对定位、导航的需求就从未停止过。早在远古时期，人们就尝试使用罗盘确定方位。罗盘是一种古老而实用的陆地导航技术，它利用地球的地磁来测量目标的方位，并能在任何地方提供相对精确的方向和角度，相同原理的定位仪器至今仍在使用。人类对海洋的探索，催生了新的定位需求。15世纪，人们开始试图在缺少参照物的海面上利用航海图和星象图来确定自己的粗略位置。

第二次世界大战之前，为了满足航空和船舶航行的需要，特别是为了满足军用的需要，无线电通信系统应运而生。在地面上，一个固定的波形发射器作为一个无线电信标，它通过一个全向天线来发射信号。一个装有自动定向器的飞行器在接收到一个无线电信标的信号之后，通过信号的方向性来确定它与飞机的轴的方向。这种方法主要用于飞机降落时，使飞机找到起始进近定位点，其应用与航空领域相似。

在新的时代，随着网络技术的飞速发展，室内和室外的定位技术也在不断地更新。主动定位、被动定位管理监控、米级精度定位、厘米级精度定位、室内外一体化定位系统等创新技术和方案，促进了国内定位产业的发展，并吸引了众多技术驱动型企业参与角逐。

(3) 智能农业物联网应用

在我国“感知中国”这一发展战略中，“设施农业物联网”是关键技术之一。我国目前正在由传统农业向现代农业快速发展，而农业信息化建设则是实现农业现代化的关键技术支持。农业物联网技术在农业生产、经营、管理、服务等方面的具体应用，是指利用各种传感器、射频识别技术(Radio Frequency Indentification, RFID)、视觉采集终端等各种感知设备，对田间种植、设施园艺、畜禽养殖、水产养殖、农产品物流等方面进行实时采集；然后根据协议，采用无线传感器网络、电信网、因特网等现代化的信息传送渠道，实现多尺度的农业信息安全传输；最终，将采集到的大量农业信息进行融合处理，并利用智能化的操作终端，实现农业生产的自动化、优化控制、智能化管理、系统化物流和电子交易，从而达到农业集约、高产、优质、高效、生态、安全的目的。

(4) 智能数字城市应用

城市是人类社会的一种高级形态，它的本质是人们的交易和聚集中心，是人类社会发展到一定程度的必然结果。在人类社会发展过程中，城市起着举足轻重的作用。

在快速发展的今天，城市化势不可挡，超过一千万人口的大都市开始涌现，21世纪又被称作都市世纪。城市化带来的环境污染、能源短缺、经济停滞、交通堵塞等问题和挑战是不容忽视的。这些问题的出现，在很大程度上是因为没有形成能够自我调节和可持续发展的体系。在城市发展的进程中，城市的发展重点由物质和能源向信息和知识的方向发展。城市的发展逐步向智能化、数字化、可持续化方向发展，其运营效率也在不断提高。这一趋势导致全球资本流动和政策的创新向实现技术实施和数据利用的方向发展。值得一提的是，数字城市、智慧城市等概念的发展在很大程度上由商业行为推动，而非依赖政府的行为和决策。

城市信息化是一个由多部门、多领域组成的庞大的全方位的系统工程，对社会管理、经济发展、休闲娱乐都具有深远影响。城市信息化的基础是信息网络，支撑是信息产业。

在2008年纽约的国际关系会议上，IBM公司第一次提出“智能的地球”的概念。后来，“智慧城市”出现，它是以数字城市、互联网、云计算、物联网等新技术为依托，以“大数据”为核心的城市发展模式。

智能城市的本质就是运用现代信息技术对城市进行智能化的管理与运营，使人们的生活更加美好，从而推动城市的可持续发展。李德仁院士曾说过，“智慧城市＝互联网＋物联网”。

(5) 智能医疗康复技术应用

康复医学也就是所谓的物理治疗和康复，它是一种医学技术的分支，它的作用就是让病人的身体机能得到恢复或者补偿，从而改善他们的生活质量，让他们更快地回归家庭和社会。我国的残疾人口是世界上最高的，而且老年人的健康问题也越来越严重。据统计，2.31亿60岁及60岁以上老人中，有2/3患有慢性病，有将近4 000万的失能人口，而整个社会还没有做好迎接老龄化社会来临的充分准备。由于我国康复医学发展较晚，缺乏有效、快捷的信息资源，因此，与其他数字医疗技术相比，数字医疗的发展要缓慢一些。当前，我国提出了“把人民健康放在优先发展战略地位，努力全方位全周期保障人民健康”，这意味着康复医学将迎来空前的发展机遇。众所周知，恢复期的病人，治疗的时间很长，这必然会导致康复费用的大幅上升，但是利用人工智能技术，将信息技术、数据挖掘技术和深度学习技术相结合，可以实时监测康复过程，从而最大限度地节省康复费用。

1.5 信号处理技术的发展特点

(1) 运算速度更快

鉴于目前信号处理技术的发展现状和今后的发展趋势，可以预见，在相同的情况下，数字信号处理技术将会更加成熟。尤其是目前某些高端的数字信号处理芯片，已经进入了一个关键的阶段，每次升级都会让芯片的体积变小，而且计算速度也会大幅度地提高。在未来的数字信号处理中，采用多线程运算技术，可以同时处理多个不同的信号。

(2) 成本低

总的来说，目前与信号处理有关的芯片成本在不断下降，这也为其广泛的应用提供了便利。不过，随着技术的不断成熟，市场的竞争能力也在不断提高，这种成本优势将得到进一步增强。在降低成本的同时，系统的总体性能还得到了有效提高。数字信号处理芯片的体积非常小，功率消耗也非常小。国内DSP技术的发展必然会进一步蚕食国外DSP的市场份额，从而形成更加激烈的市场竞争，进一步推动国内数字信号处理行业的转型和升级。

(3) 定制化

目前市场上的数字信号处理芯片数量日益增多，品种也日益多样化。在今后的发展过程中，要根据用户的具体要求，提供个性化的数字信号处理方案。作为全球最大的工业制造国，国内的数字信号处理设备是全球最大的。在今后的发展过程中，将数字信号处理技术与计算机网络技术相结合，以适应当前的市场需要。

1.6 智能信号处理科学发展展望

如今，科技的飞速进步和提升，使得我们的生活和工作越来越依赖高科技和智能化的建设。因此智能信号处理技术的发展就变得越来越重要，其不仅和我们的生活与工作息息相关，而且还会影响我国科技和智能化的发展速度，所以必须对其给予高度重视。现阶段智能信号处理技术主要被应用于通信系统等方面，其发挥着极其关键的作用，因此我国大量的科技人员对信号处理技术非常重视，对其的探究也极其多。目前，智能化和信息化技术的不断提高,使其被大量地应用于我国的各大行业当中。同时,整个发展过程变得更加快速和完善,因此我们能够更加全面地了解到信号处理技术的每一个环节及步骤。

通常信号处理技术的发展主要包括三个环节,分别为:(1)模拟信号处理环节;(2)简单数字信号处理环节;(3)可编程数字信号处理环节。其中模拟信号处理环节是对传达信号进行轻微的处置与运算;简单数字信号处理环节主要是对某些中小规模的集成电路展开研究与探索;可编程数字信号处理环节能够应用信号芯片。

1) 现阶段对智能信号处理技术发展的研究

(1) 基本技术方面

通过对信号处理技术的深入研究,我们能够发现此技术与电脑技术是相互关联的,所以其基本技术和计算机基本技术也是相互联系的。要是我们只从信号处理技术的计算深度角度来探究它的基本技术,则不仅会引发出一系列计算机基本技术,而且还会涉及一系列的计算技术,主要有逻辑、符合、模糊及进化等。

(2) 继承性发展方面

通常要想全面地认识智能化和信息化技术的继承性发展情况,可通过X光图像处理技术展开详细的认识。一般X光图像处理技术是用来诊断医学方面疾病的,其被大量地应用于医学领域,为医生诊断带来了方便,具有深远的意义。在20世纪70年代,我国的一些科技研究专家和学者便借助高速的计算机来改善CT技术以使X光图像处理技术变得越来越快速和完善。通过以上内容我们能够充分认识到所有的技术发展均是在原本技术的基础上经过改良和完善发展出来的,这样不仅不会抛弃以前的技术,而且还会研制出新的技术,智能信号处理技术便是经过这样的不断演变和完善才慢慢地被应用于各个领域,并变得越来越重要。

(3) 融合性发展方面

通常智能化和信息化技术融合主要是通过生物遗传表征和神经表征的相互结合,来完成对其处理技术的优化和完善。为此我们便从上述提到的结合方面展开了细致的研究,以深入探究信号处理技术的融合性发展情况。一般结合的体现模式包括两种,分别为主从融合、相互配合与辅助的融合。其中,对于主从融合来说,它主要发挥着协调与节制的作用;对于相互配合与辅助的融合来说,它主要是提升信号与信息处理技术的优越属性,此种模式也是目前较为普遍的一种融合模式。

2) 现阶段对智能信号处理技术发展形式的探索

(1) 人脑思维理论滞后的情况

一般来说,科技和智能的发展都取决于人类的思想,随着人类思维能力的提升,科技和智能的发展也会越来越快,但是人类的思维能力也会随着时间的推移而增长,所以现在的智能信号处理技术还不够先进,要想加强与优化智能信号处理技术,就必须拓宽我们的知识领域,加大我国技术人员对大脑意识的探索范围,以此加快科技化和智能化信息技术的发展和改善速度。

(2) 综合化高度集中的处理

现阶段研究智能信号处理技术已成为我国非常重要的工作内容之一,同时由于多种信息的不断融合，使得信号与信息处理工作变得越来越难，如对于汽车驾驶领域来说，通常驾驶员需要同时对各种信息展开处理，然后才能得到具有意义的资料，最终再进行输出，因此整个过程就需要科技化和智能化信息技术以达到全面高度集中的处置效果。由此可见，人们所期待的信号与信息技术会更加的高超和先进。

（3）高速信息通信网络

高速信息通信网络反映了一般科技化和智能化信息技术的进步，对其的系统建设也是社会进步的表现形式之一。通过建立高速信息通信网络系统，人们便能够实现远距离的信息传输，而且还没有时间差，既方便又快捷。由此可见，高速信息通信网络不仅可以高效地提升人们的生活质量，而且也为社会的发展产生了积极的作用，充分推动了科技的发展和进步。不过现阶段高速信息通信网络还具有一些科技方面的问题，但将来科技化和智能化信息技术肯定能有更大的进步和改善，因此需全面加强科技化和智能化的建设。

经过以上的深入研究，我们能够清楚地知道：智能化是促进科技进步的关键部分，信号与信息处理技术的成长过程肯定会向着科技和智能的方向发展。虽然现阶段科技化和智能化的信息技术仍存在着一些缺陷，但是只要我国的科技专家和学者均采用适当的方法来弥补科技化和智能化信息技术当中的缺陷，就肯定会改变此种状况，加快智能信号处理技术的发展，使我国的科技化和智能化信息技术更加高超和先进，使信息化技术更加广泛地应用于各个行业。

习　题

1. 简述智能信号处理技术的基本概念和意义。
2. 智能信号处理应用有哪些？请举例说明。
3. 智能信号处理科学发展趋势是什么？

第2章　信号处理基础

2.1　时域分析

2.1.1　简介

时间是世界的重要组成部分。随着时间的流逝，万事万物都会发生变化。最基本、最直观的用来描述信号的形式就是通过时间衡量物理量的变化。时域分析法可以提高信噪比，获取信号波形在不同时间的关联性，获得反映设备运行状态的参数信息，便于分析系统。

时域是真实存在的，而频域是模拟出来的。比如音频，它实际存在，可以被人耳感知到，它就属于时域信号。时域信号是不断变化的，而相对应的频域值是固定的。在转换时域和频域时，每个时域对应一个频域。为了更准确地表达时域和频域之间的对应关系，可以叠加时域信号，获得更接近频域信号的结果。

信号的时域分析主要包括信号预处理、信号采样和时域统计分析等。

通常从传感器处获得的原始信号都比较微弱，有用信号和噪声混在一起，且由于传感器类型的多种多样，信号的形式也往往不一致，因此需要对信号进行预处理操作，即信号转换、滤波和放大。其中，信号的滤波处理最为关键，主要通过该过程实现对测量信号中噪声的削弱或消除，实际操作中一般通过滤波器来完成。

信号采样是指将连续信号转换为离散数字序列的过程，包括离散和量化两个主要步骤。模拟信号转换为数字信号的一般过程如图 2-1-1 所示。

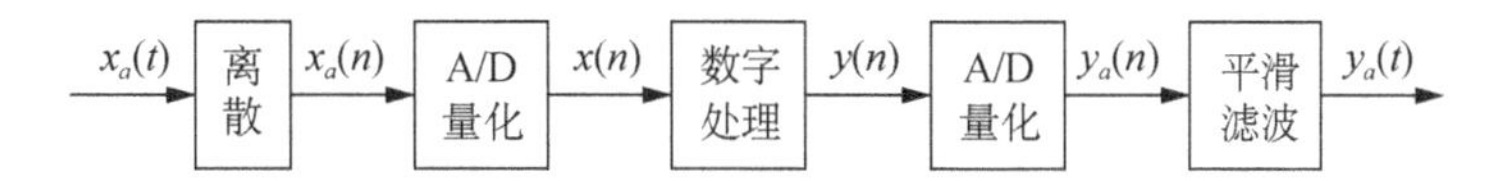

图 2-1-1　模拟信号转换为数字信号的过程

采样后的离散信号和原模拟信号的一致性与采样频率密切相关，通常我们在选取采样频率时要保证的原则是：采样频率至少是信号频率最高频率的两倍以上。这样才能保证原始信号可被准确恢复。此外，在采样过程中，通常还需要用窗函数去截取原始信号。最简单的窗函数是矩形窗。对于矩形波，它可以看作是由多个正弦波或余弦波组成的。

信号的时域统计分析就是计算各种时域参数指标，如均值、均方值、均方根值、方差、标准差、概率密度函数、概率分布函数和联合概率密度函数等。时域参数指标的选取通常要满足以下条件：方便测量和计算，不需要过大的计算机存储量；能够预报机器未来可能出现的故障；不受设备运行状态变化的影响；能提示设备当前存在的故障，便于人们及时修理。

2.1.2 定义及原理

时域分析是指控制系统在一定的输入下，根据输出量的时域表达式，分析系统的稳定性、瞬态和稳态性能。系统输出量的时域表达式可借助微分方程或传递函数求解获得。当初值为零时，系统的性能指标通常通过传递函数进行间接评估。在输入信号的作用下，可以通过系统的瞬态和稳态过程来评估控制系统的性能指标。系统的瞬态和稳态过程不仅取决于系统本身的特性，还取决于输入信号的形式。时域分析通常利用线性常微分方程的解来讨论系统的特性和性能指标。

1）一阶系统

一阶系统中，只有特征参数：时间常数 T。但我们通常只研究阶跃输入对应的响应，我们称阶跃信号为“标准输入”。

对于一阶系统，有两个性能指标：上升时间 t_r 和调节时间 t_s。

上升时间：从终值的10%上升到终值的90%所用的时间。（此定义是基于非振荡的动态过程，要区别于后续的振荡动态过程）。

调节时间：指信号第一次进入且保持在误差带内所用的时间。因为一阶系统的响应是没有振荡的，且响应曲线没有超出稳态值的部分，所以在一阶系统中没有超调量的概念。

2）二阶系统

二阶系统就是用二阶微分方程描述的系统，它广泛应用于控制系统，比如弹簧阻尼系统就是典型的二阶系统。此外，在特定条件下，很多高阶系统可以转化为二阶系统，因此研究二阶系统的特性非常有现实意义。

以一般二阶系统为例进行研究，系统闭环传递函数表达形式为：

$$\frac{C(s)}{R(s)}=\frac{K}{T_m s^2+s+K} \tag{2-1-1}$$

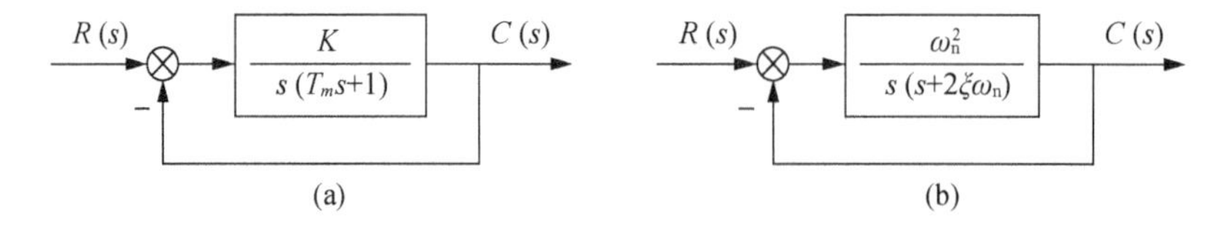

图 2-1-2 一般形式的二阶系统结构图

为了使研究的结论具有普遍性，将上式写成典型形式或标准形式：

$$\frac{C(s)}{R(s)}=\frac{1}{T^2 s^2+2\xi Ts+1}$$

或

$$\frac{C(s)}{R(s)}=\frac{\omega_n^2}{s^2+2\xi\omega_n s+\omega_n^2}$$

图 2-1-2(b)为二阶系统的一般结构图形式。其中：

$$T=\frac{1}{\omega_{\mathrm{n}}}=\sqrt{\frac{T_m}{K}}\text{；}2\xi T=\frac{1}{K}\text{；}\xi=\frac{1}{2\sqrt{KT_m}}$$

由上式可知,阻尼比 ξ 和自然频率 ω_{n} 决定了二阶系统的响应特性。一般形式的闭环特征方程为：

$$s^2+2\xi\omega_{\mathrm{n}}s+\omega_{\mathrm{n}}^2=0$$

方程的特征根(系统闭环极点)为：

$$s_{1,2}=-\xi\omega_{\mathrm{n}}\pm\omega_{\mathrm{n}}\sqrt{\xi^2-1}$$

(1) 当阻尼比较小,即 $0<\xi<1$ 时,方程有一对实部为负的共轭复根：

$$s_{1,2}=-\xi\omega_{\mathrm{n}}\pm \mathrm{j}\omega_{\mathrm{n}}\sqrt{1-\xi^2}$$

系统时间响应具有振荡特性,称为欠阻尼状态。

(2) 当 $\xi=1$ 时,系统有一对相等的负实根：

$$s_{1,2}=-\omega_{\mathrm{n}}$$

系统时间响应开始失去振荡特性,或者说,处于振荡与不振荡的临界状态,称为临界阻尼状态。

(3) 当阻尼比较大,即 $\xi>1$ 时,系统有两个不相等的负实根：

$$s_{1,2}=-\xi\omega_{\mathrm{n}}\pm\omega_{\mathrm{n}}\sqrt{\xi^2-1}$$

这时系统时间响应具有单调特性,称为过阻尼状态。

(4) 当 $\xi=0$ 时,系统有一对纯虚根,即：

$$s_{1,2}=\pm \mathrm{j}\omega_{\mathrm{n}}$$

系统时间响应为等幅振荡,其幅值取决于初始条件,而频率则取决于系统自身的参数,称为无阻尼状态。

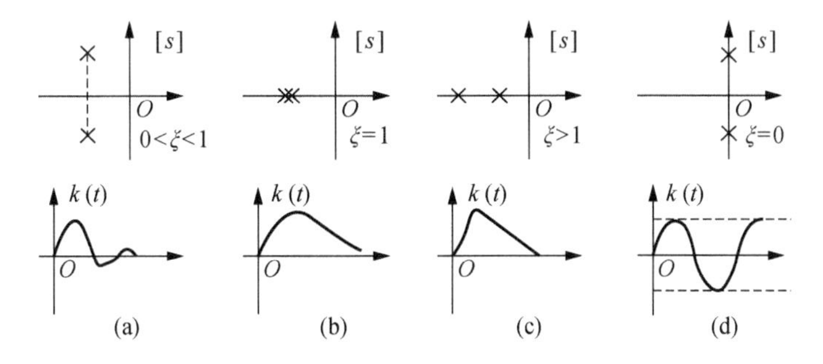

图 2-1-3　二阶系统的闭环极点分布及其脉冲响应

二阶系统中,欠阻尼二阶系统最为常见。由于这种系统具有一对实部为负的共轭复根，时间响应呈现衰减振荡特性，因此又称为振荡环节。

当阻尼比 $0<\xi<1$ 时，二阶系统的闭环特征方程有一对共轭复根，即：

$$s_{1,2}=-\xi\omega_n\pm j\omega_n\sqrt{1-\xi^2}=-\xi\omega_n\pm j\omega_d$$

式中：$\omega_d=\omega_n\sqrt{1-\xi^2}$，称为有阻尼振荡角频率，且 $\omega_d<\omega_n$。

当输入信号为单位阶跃函数时，输出的拉氏变换式为：

$$C(s)=\frac{\omega_n^2}{s^2+2\xi\omega_n s+\omega_n^2}\frac{1}{s}=\frac{1}{s}-\frac{s+\xi\omega_n}{(s+\xi\omega_n)^2+\omega_d^2}-\frac{\xi\omega_n}{(s+\xi\omega_n)^2+\omega_d^2}$$

对上式进行拉氏反变换，得欠阻尼二阶系统的单位阶跃响应，并用 $h(t)$ 表示，即：

$$\begin{aligned} h(t)&=1-e^{-\xi\omega_n t}\left[\cos\omega_d t+\frac{\xi}{\sqrt{1-\xi^2}}\sin\omega_d t\right] \\ &=1-\frac{e^{-\xi\omega_n t}}{\sqrt{1-\xi^2}}\sin(\omega_d t+\beta),\quad t\geqslant 0 \end{aligned} \tag{2-1-2}$$

$$\beta=\arctan\left(\frac{\sqrt{1-\xi^2}}{\xi}\right)\text{或}\beta=\arccos\xi$$

由式(2-1-2)可知，系统的响应包括稳态分量与瞬态分量两部分，稳态分量值为 1，瞬态分量表示的是一个随时间 t 的增长而衰减的振荡过程。振荡角频率为 ω_d，其值取决于阻尼比 ξ 和无阻尼自然频率 ω_n 的值。β 角的定义如图 2-1-4 所示。若将无因次时间 $\omega_n t$ 作为横坐标，时间响应就仅为阻尼比 ξ 的函数，如图 2-1-5 所示。

由图 2-1-5 可见，阻尼比 ξ 越大，超调量越小，响应的振荡越弱，系统平稳性越好。反之，阻尼比 ξ 越小，振荡越强烈，系统平稳性越差。

(1) 当 $\xi>0.707$ 时，系统阶跃响应 $h(t)$ 不出现峰值($\sigma\%=0$)，单调地趋于稳态值。

(2) 当 $\xi=0.707$ 时，$h(t_p)=1.04\approx h(\infty)$，调节时间最小，$\sigma\%=4\%$，若按 5%的误差带考虑，则可认为 $\sigma\%\approx 0$。

(3) 当 $\xi<0.707$ 时，$\sigma\%$随 ξ 的减小而增大。过渡过程峰值和调节时间也随 ξ 的减小而增大。

(4) 当 $\xi=0$ 时(即 $\beta=90°$，表示系统具有一对纯虚根)，式(2-1-2)就变为：

$$h(t)=1-\cos\omega_n t,\ t\geqslant 0 \tag{2-1-3}$$

显然，这时响应为频率为 ω_n 的等幅振荡，即无阻尼振荡。

此外，当 ξ 过大时，系统响应滞缓，调节时间 t_s 很长，系统快速性差；反之，当 ξ 过小时，虽然响应的起始速度较快，但因为振荡强烈，衰减缓慢，所以调节时间 t_s 亦较长，系统快速性也较差。由图 2-1-5 可见，对于 5%的误差带，当 $\xi=0.707$ 时，调节时间最短，即快速性最好，这时超调量 $\sigma\%<5\%$，故平稳性也是很好的，所以通常把 $\xi=0.707$ 称为最佳阻尼比。

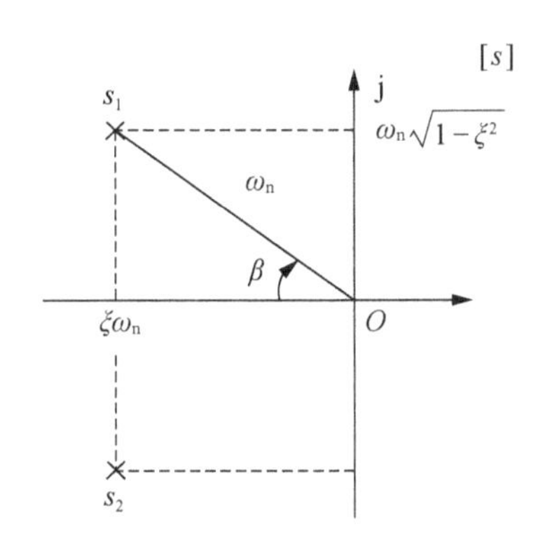

图 2-1-4　β 角定义图

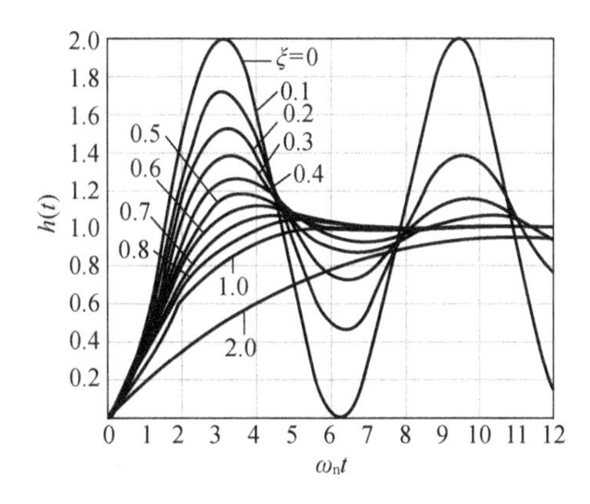

图 2-1-5　二阶系统单位阶跃响应的通用曲线

关于稳态精度：由于随时间 t 的增长，瞬态分量逐渐趋于零，而稳态分量恰好与输入量相等，因此稳态时系统是无差的。

欠阻尼二阶系统性能指标的计算如下：

(1) 延迟时间 t_d①

根据定义，令式(2-1-2)等于 0.5，即 $h(t)=0.5$，整理后可得：

$$\omega_n t_d=\frac{1}{\xi}\ln\frac{2\sin\left(\sqrt{1-\xi^2}\,\omega_n t_d+\arccos\xi\right)}{\sqrt{1-\xi^2}}$$

取 $\omega_n t_d$ 为不同值，可以计算出相应的 ξ 值，然后绘出 $\omega_n t_d$ 与 ξ 的关系曲线，如图 2-1-6 所示。利用曲线拟合，可得延迟时间的近似表达式为：

$$t_d\approx\frac{1+0.6\xi+0.2\xi^2}{\omega_n},\ \xi>1$$

$$\text{或 } t_d\approx\frac{1+0.7\xi^2}{\omega_n},\ 0<\xi<1 \tag{2-1-4}$$

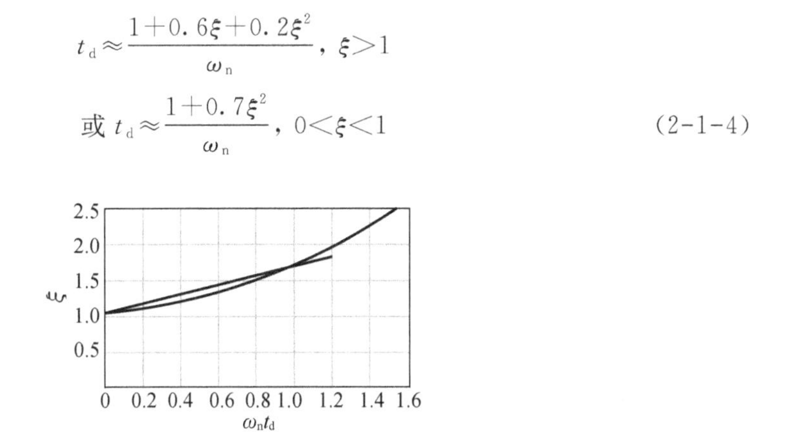

图 2-1-6　二阶系统 $\omega_n t_d$ 与 ξ 的关系曲线

由上式可知，若想缩短延迟时间 t_d，则可以通过增大 ω_n 或减小 ξ 两种方式来实现。从另

① 也有定义 $h(t)$ 上升到稳态 10% 所需要的时间为 t_d。

一个角度来看，保持阻尼比一定，增大闭环极点同[s]平面坐标原点之间的距离，可以减小系统的延迟时间；保持自然频率一定，缩短闭环极点同[s]平面虚轴的距离，可以减小系统的延迟时间。

(2) 上升时间 t_r①

根据定义，令式(2-1-2)等于1，即 $h(t)=1$，可得：

$$1-e^{-\xi\omega_n t_r}\left(\cos\omega_d t_r+\frac{\xi}{\sqrt{1-\xi^2}}\sin\omega_d t_r\right)=1$$

因为 $e^{-\xi\omega_n t_r}\neq 0$，所以 $\cos\omega_d t_r+\frac{\xi}{\sqrt{1-\xi^2}}\sin\omega_d t_r=0$，则有

$$\tan\omega_d t_r=-\frac{\sqrt{1-\xi^2}}{\xi},\ t_r=\frac{1}{\omega_d}\arctan\frac{-\sqrt{1-\xi^2}}{\xi}$$

所以

$$t_r=\frac{\pi-\beta}{\omega_d} \tag{2-1-5}$$

由上式易得，可以通过减小阻尼比(增大 β)的方式来减小系统的上升时间 t_r，从而加快系统整体的响应速度。

(3) 峰值时间 t_p

将式(2-1-2)对时间求导并令其为零，可得峰值时间：

$$\left.\frac{dh(t)}{dt}\right|_{t=t_p}=0$$

将上式整理得

$$\tan\beta=\tan(\omega_d t_p+\beta)$$

则有

$$\omega_d t_p=0,\ \pi,\ 2\pi,\ 3\pi,\ \cdots$$

根据峰值时间的定义，t_p 是指 $h(t)$ 越过稳态值，到达第一个峰值所需要的时间，所以应取 $\omega_d t_p=\pi$。故峰值时间的计算公式为：

$$t_p=\frac{\pi}{\omega_d}\ \text{或}\ \frac{\pi}{\omega_n\sqrt{1-\xi^2}} \tag{2-1-6}$$

由上式可知，阻尼振荡周期的1/2就是峰值时间。保持阻尼比一定，极点越远离实轴或坐标原点，系统就有越短的峰值时间。

(4) 超调量 $\sigma\%$

将式(2-1-6)代入式(2-1-2)，可得输出量的最大值

① 也有定义 $h(t)$ 从稳态的10%上升到90%所需要的时间为 t_r。

$$h(t_p)=1-\frac{e^{-\frac{\pi\xi}{\sqrt{1-\xi^2}}}}{\sqrt{1-\xi^2}}\sin(\pi+\beta)$$

由图 2-1-4 可知 $\sin(\pi+\beta)=-\sqrt{1-\xi^2}$，代入上式，得：

$$h(t_p)=1+e^{-\frac{\pi\xi}{\sqrt{1-\xi^2}}}$$

根据超调量的定义式，在 $h(\infty)=1$ 条件下，可得：

$$\sigma\%=e^{-\frac{\pi\xi}{\sqrt{1-\xi^2}}}\times 100\% \tag{2-1-7}$$

由上式可知，超调量只取决于阻尼比 ξ。图 2-1-7 描述的是超调量 $\sigma\%$ 与阻尼比 ξ 两个参数之间的关系。显然，超调量 $\sigma\%$ 和阻尼比 ξ 两者之间存在反比例关系。换而言之，当闭环极点离虚轴越近时，超调量就越大。在一般情况下，对于随动系统我们选取的阻尼比的大小范围为 0.4～0.8，相应的超调量为 25.4%～1.5%。

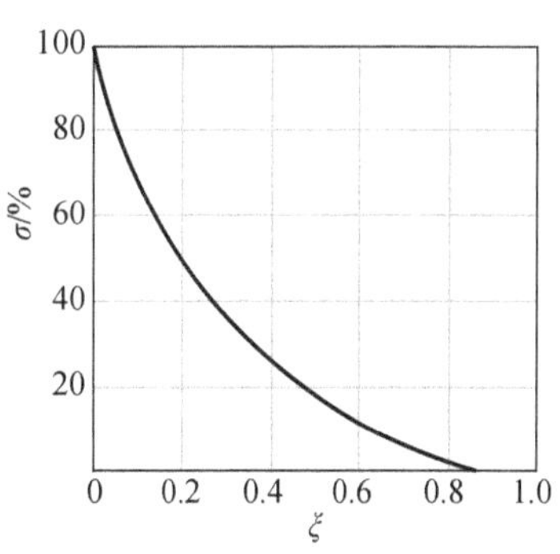

图 2-1-7　欠阻尼二阶系统超调量与阻尼关系曲线

（5）调节时间 t_s

通常很难直接给出调节时间 t_s 的准确表达式，针对该参数多选择近似方法求解。对于欠阻尼二阶系统的单位阶跃响应 $h(t)=1-\frac{e^{-\xi\omega_n t}}{\sqrt{1-\xi^2}}\sin\left(\omega_d+\arctan\frac{\sqrt{1-\xi^2}}{\xi}\right)$ 来说，指数曲线 $1\pm e^{-\xi\omega_n t/\sqrt{1-\xi^2}}$ 是阶跃响应衰减振荡的上下两条包络线，整个响应曲线总是包含在这两条包络线之内，该包络线对称于阶跃响应的稳态分量。如图 2-1-8 所示，将无因次时间 $\omega_n t$ 作为横坐标，给出了 $\xi=0.707$ 时的单位阶跃响应以及相应的包络线。通过观察图像可以发现，与包络线的收敛速度相比，实际响应的收敛速度要更快一些，故上述选用包络线而不是实际响应曲线来估算调节时间的方法是有道理的。

通常，当 $\xi<0.8$ 时，我们选用下列的近似计算公式：

$$t_r=\frac{3.5}{\xi\omega_n}\quad 取 5\% 误差带$$

$$或\ t_s=\frac{4.5}{\xi\omega_n}\quad 取 2\% 误差带 \tag{2-1-8}$$

由上式可知，当闭环极点的实部数值（$\xi\omega_n$）越大时，或者说极点离虚轴越远时，系统的调节时间就会越短。

综上所述，一些动态性能指标间存在着矛盾。例如上升时间和超调量，如果我们想要缩短上升时间，就无法避免超调量的增大；反之也是如此。在保持阻尼比 ξ 不变的情况

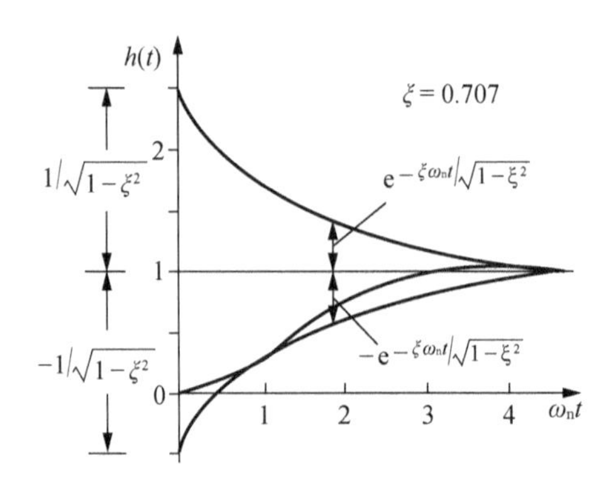

图 2-1-8 欠阻尼二阶系统的单位阶跃响应

下，如果自然频率 ω_n 能够增大，那么所有的时间指标（t_d, t_r, t_s 和 t_p）都会缩短，并且不会改变超调量。故在实际应用中，我们通常需要统筹考虑多个方面的因素，最后选择能使尽量多的动态性能指标满足需求的设计方案。

2.1.3 时域分析方法发展

1）经典法：齐次解＋特解

主要步骤（零状态响应）：（1）构建系统的时域微分方程；（2）列写特征多项式，求出特征根；（3）求解出方程的齐次解、特解的一般形式；（4）将全解表达式代回原方程，得出待定系数，求出表达式。

经典法所求微分方程的全解即系统的完全响应 ＝ 齐次解＋特解。

时域分析根据线性常微分方程的解来讨论系统的特性和性能指标。设微分方程如下：

$$a_n y^{(n)}(t)+a_{n-1}y^{(n-1)}(t)+\cdots+a_0=b_m x^{(m)}(t)+b_{m-1}x^{(m-1)}(t)+\cdots+b_0$$

式中：$x(t)$为输入信号；$y(t)$为输出信号。

微分方程的解可表示为：

$$y(t)=y_h(t)+y_p(t)$$

$y_h(t)$为对应的齐次方程的通解，只与微分方程有关。对于稳定的系统，当时间趋于无穷大时，通解趋于零，故根据通解可以分析系统的稳定性。$y_p(t)$为特解，与微分方程和输入有关。当时间趋于无穷大时，特解趋于一个稳态的函数。

由上可知，对于某个存在有界输入的稳定系统，当时间趋于无穷大时，微分方程的全解将趋于一个稳态的函数，系统将达到一个新的平衡状态。我们通常称系统达到该平衡状态之前的过程为瞬态过程。瞬态分析是对瞬态期间输出响应的各种运动特性的分析。理论上，系统只有在时间趋于无穷大时才会进入稳态过程，但实际上显然是无法做到的，所以只讨论输入作用加入一段时间里的瞬态过程，分析这段时间的瞬态性能指标。但经典法也存在以下缺点：若位于微分方程右侧的激励项不够简单，就不好对其进行后续处理。若激励信号或初始条件改变,则需要再次求解。

2)卷积积分法

从理论上来讲,任意激励下的零状态响应都能通过冲激响应来求解。利用线性时不变系统的特点和信号分解的原理来求解分析系统的零状态响应的方法就是卷积积分法。卷积积分法在输入信号复杂的零状态响应分析方面有着独特优势。

不论是什么样的信号都能够转化为其自身同单位冲激信号的卷积,这样不同类型的信号都能够以相同形式分解展开,从而使得分析过程更加容易。此外,分析信号作用于系统的响应时,对于任意信号作用于某个冲激响应的线性时不变系统,借助叠加性和均匀性就能够得到其输出的零状态响应。最后能够得出的结论是系统的零状态响应是输入信号和系统单位冲激响应的卷积积分。通过采用这种卷积积分的方法来求解系统的零状态响应比经典方法要简单得多,物理意义也更加清晰。

2.1.4 时域分析的优缺点

由于时域分析是直接在时间域中对系统进行分析,因此其具有直观、准确的优点。但是,时域分析反映的是事物属性随时间变化的规律,往往比较复杂烦冗,不能反映一个系统的固有属性。例如,研究一个弹簧振子系统(就是弹簧下面吊着一个质量块,质量块上下振动),在忽略阻尼的情况下,质量块动能与弹簧弹性势能交换的频率是不随时间改变的,这是一个时不变系统。那么我们只要研究弹簧振子的频率就可以知道这个系统的所有信息了。研究时域信息,显然只知道质量块的振动位移变化,而无法抓住频率这一本质或者固有属性。如果研究时域,随着时间的变化和随机信号的介入,大多数情况下干扰太多,非常复杂,没有办法研究,只能从随机信号中筛选周期信号,然后切换到频域研究不变量频率。

2.1.5 相关应用

得益于直观、准确的优点,时域分析被广泛应用于各个领域,如语音信号的时域分析、脑磁图信号的时域分析、电磁信号的时域分析等。

以时域分析在语音信号处理中的应用为例进行介绍。语音信号是生活中比较常见和容易获取的信号,蕴含着丰富的信息。通常,语音信号处理的目的有两种:一是提取信号中的特征参数,供后续处理;二是削弱或消除原始语音信号中包含的噪声,增强音质。无论是哪一种目的,都需要通过语音信号分析来有效提取其中的信息。

由于语音信号本质上就是时域信号,因此对其采用时域分析非常方便,具体来说时域分析主要被用于最基本的参数分析、语音分割、预处理和大致分类等。时域分析法通过直接对语音信号的时域波形进行分析,可以提取语音的短时能量和平均幅度、短时平均过零率、短时自相关函数和短时平均幅度差函数等特征参数。不仅分析过程实现简单、运算量小,而且表示直观、物理意义明确。

2.2 频域分析

2.2.1 简介

频域信号的自变量是频率。我们通常用频谱图来分析频域信号。频谱图的横轴是频率，纵轴是幅值。

如图 2-2-1 所示是一个在生活中常见的儿童玩具，它的构造十分简单，由一个手柄，一个重物以及连接两者的弹簧组成，实际上这就是一个典型的线性系统。我们可以借助这个玩具来理解线性系统中的频域分析。

玩过此类玩具的人都明白，只要人们匀速上下摆动手柄，悬挂的重物就会振荡起来，如果你仔细观测，就会发现重物振荡的频率和人上下摆动手柄的频率是一致的，但是两者却又不同步，除非弹簧不能充分伸长。

在人们加快上下摆动手柄频率的过程中，重物振荡的相位是不确定的，可能超前于手柄也可能滞后于手柄。在某个固有频率点上，重物将能够荡到最高点，该固有频率只与两个因素相关：一个是重物质量；另一个是弹簧劲度系数。

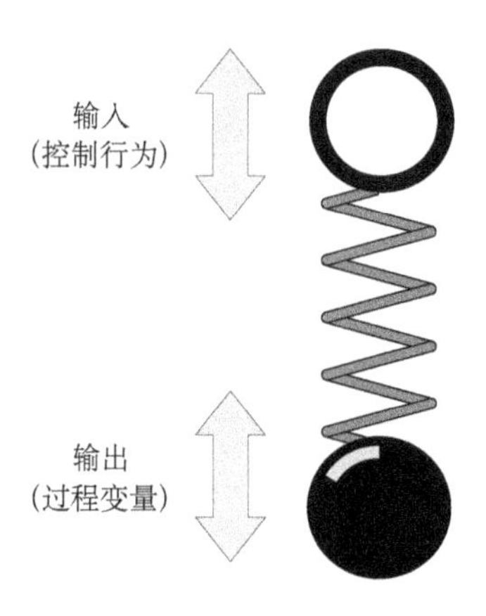

图 2-2-1 儿童玩具

当人们摆动手柄的频率大于上述固有频率时，重物振荡的幅度将会减小，相位将会滞后。当人们摆动手柄的频率非常高时，重物的移动距离将会十分微小，并且刚好和手柄位移方向相反。

为什么要进行频域分析？假设我们用无人机上的加速度传感器测量加速度，得到的数值不仅包含无人机的运动加速度，而且包含由结构振动引起的加速度，如何剔除由结构振动引起的加速度是一个问题。再比如一个记者拿着话筒在风中报道，如何通过电信号处理去除风噪也是一个问题。

遇见一个难题的时候第一个想法应该是如何去分解和简化它。既然我们很难去刻画一条复杂的曲线，我们就去模仿它，就是采用微积分那样的思想，不过是用不同的相位、不同的幅值的正弦(sin)曲线拟合，使之与真实情况尽量吻合，这就是傅里叶变换、拉普拉斯变换的来源。其实从另一个角度来看，我们可以用频率不同的 sin 曲线来刻画那条线。从时域来看，曲线当中变化剧烈的部分对应高频部分，变化较为缓和的部分对应低频部分，当然这里不是纯的低频和高频，而是二者混杂在一起；也不是一个特定值而是一个范围，应该说是由高频主导或低频主导的。那就会有人问为什么图中高频部分随着时间推移消失了呢？其实可以说是高频部分衰减了，只要乘 e^{-kt} 项就可以使其消失；反之，指数为正可以使之增大。通过对时间变量 t 处理可以控制其在特定的时段出现，而且我们知道指数函数通过欧拉公式可以分解为三角函数之和。频域分析的神奇之处就在于可以根据频率将一条曲线里的成分分开，这就好比警察在一群人中对好人坏人做了标记，这样就可以轻而易举地找出坏人并剔除掉，也就是除去信号中的振动误差、风声信号等。为什么频率可以区分呢？第一是因为所有传感器测得的量都会转化为电信号，这样我们只需要处理电信号即可，再根据算法转变为待测量显示出来；第二是因为不同的成分其频率一般不同。还是以加速度传感器为例，如果一个人操纵着无人机，无人机运动引起的加速度的变化频率肯定没有振动的频率高(频率即每秒变化的次数)，这样如果我们用一些不同频率的曲线来拟合实际数据，给频率画个界限，把高频的部分舍掉，那样就可以除掉振动带来的误差。同理，风声的频率和说话的频率也是不一样的，这样就可以去掉风声。这样的工作就是滤波，通过处理我们就得到了可以用于计算的数据。

那么如何通过频域来分析一个系统呢？首先系统输入和输出的频率一般相同，输入的频率变了输出也会变，不同的是振幅和相位，具体体现在变化是否剧烈、是否有滞后。比如模拟战斗机操纵副翼稍微一偏，战斗机就会滚转一个大的角度，而飞机需要操纵几秒钟才开始滚转，等滚转到位飞行员松手时操纵量其实已经大了。振幅用比值来刻画(传递函数就是不同频率下输入输出的幅值之比，零点意味着输入不起作用，极点意味着一有输入系统就发散，所以极点的分析十分重要)，相位用相位差来刻画(相位差可以理解为系统输入输出之间的延迟，相位差越大，延迟越大，系统越迟钝，这与元器件性能有关)。实际情况下输入信号不可能只有一个频率，肯定难以刻画，比如操纵无人机的手柄时控制油门的信号(输入信号)不可能像 sin 曲线那样好看。按照上面的思想，输入信号肯定也可以分为不同频率的信号的叠加，我们就要研究一下，不同频率的信号输入这个系统会有什么样的输出响应。我们输入一个频率为从零到无穷大变化的且幅值和相位不变的信号，来看看输出幅值和相位的变化，即以频率为横坐标，再分别以振幅比值和相位差为纵坐标来看幅值和相位的变化，这就是幅频特性和相频特性，对应的图叫伯德图。这里也可以合成一张图，类似于极坐标系，模长反映幅频特性，夹角反映相频特性，这样的图叫奈氏图，图中曲线反映了频率从零到无穷的变化。当然我们分析系统的目的是设计系统，我们更关心的是系统性能。系统里的微分环节、积分环节等会对系统的幅频特性、相频特性产生什么样的影响，这是一个十分重要的问题，研究透彻了我们就可以对系统进行优化。

时域分析时，我们往往采用脉冲信号或阶跃信号作为输入，然后观察系统对这个信号的响应，若是阻尼较小、时间很长、增益很大，则超调就很大，但是我们实际的信号不是这样一成不变的，时域分析更像是分析一个不变信号的响应。当然也可以采用一个变化的信号作为输入，不过这样就缺乏统一标准了。

频域突出利用开环传递函数对变化信号的响应研究。频域通过相位裕度可以看出系统的稳定性和稳定的程度，但从时域是看不出系统的稳定程度的，也就是说时域和频域是两种手段，各有优势。

利用经典控制理论进行控制系统设计时我们其实是采用了时域和频域两种分析方法，而现代控制理论都是基于时域的控制设计，摒弃了频域设计不直观的缺点。但在实际应用当中频域分析是十分有意义的，例如，当飞行员对飞机进行操纵时，如果飞机俯仰的变化频率很慢，几分钟才产生很小的偏差，那么飞行员操纵就很从容，不易疲劳，但是如果一秒就抬头低头好几次，那么飞行员就很容易疲劳，这个例子也就可以解释虽然改变增益值总能达到期望的响应，但增益不能无限大，需要保证穿越频率的合理性。正因如此，经典控制理论在控制领域实际应用当中占比非常高，现代控制理论更多的是与经典控制理论结合或是作为经典控制理论选取增益的一种辅助手段。

2.2.2 定义及原理

频域(frequency domain)是用于描述信号在频率方面的特征的一种坐标系。

频率特性是在使用拉普拉斯变换、Z 变换或傅里叶变换时，信号由频率的复函数表示和描述，即任何给定频率的信号的分量均由复数给出。数字的大小是该分量的幅度，角度是波的相对相位。例如，通过傅里叶变换，能够将声波分解为不同频率的音调分量，每个音调分量能够用不同幅度和相位的正弦波来表示。作为频率的函数，系统的响应也能够用复函数的形式来描述。在许多应用中，相位信息并不重要。利用丢弃相位信息，可简化频域表示中的信息以得到频谱。

频域分析法是基于频率特性研究线性系统的一种图解方法。频率特性和传递函数一样，可用于描述线性系统整体或某一环节的动态特性。

2.2.3 常见的理论方法

当我们从频域角度分析系统时，通常选择图解法。图解法非常直观，借助图解法我们能够很快得到问题的近似解。不同的图解法就是选择不同的坐标类型对信号进行描述。频率特性图描述了频率 ω 从 $0\to\infty$ 变化时频率响应的幅值、相位与频率之间关系的一组曲线，根据采用的坐标系不同可分为极坐标图示法和对数坐标图示法两类；也可分为常用的三种曲线，即幅相频率特性曲线(奈氏图)、对数频率特性曲线(伯德图)和对数幅相频率特性曲线(尼柯尔斯图)。

本章只介绍奈氏图和伯德图。

(1) 奈氏图

对于一个连续时间的线性非时变系统，奈氏图是将其频率响应的增益及相位以极坐标的方式绘出。奈氏图上的每一个点都对应一个特定频率下的频率响应，该点相对于原点的角度代表相位，而和原点之间的距离代表增益。

由于频率特性 $G(j\omega)$ 是复数，因此可以把它看作是复平面中的矢量。当频率 ω 为某一定值 ω_1 时，频率特性 $G(j\omega_1)$ 可以用极坐标的形式表示为相角为 $\angle G(j\omega_1)$，幅值为 $|G(j\omega_1)|$ 的矢量 $\overrightarrow{OA}$，如图 2-2-2(a)所示。与矢量 $\overrightarrow{OA}$ 对应的数学表达式为：

$$G(j\omega_1)=|G(j\omega_1)|e^{j\angle G(j\omega_1)} \tag{2-2-1}$$

当频率 ω 从 0 连续变化至 ∞(或从 $-\infty\to 0\to\infty$)时，矢量端点 A 的位置也随之连续变化并形成轨迹曲线，如图 2-2-2(a)中 $G(j\omega)$ 曲线所示。由这条曲线构成的图像便是频率特性的极坐标图，又称为 $G(j\omega)$ 的幅相频率特性。

如果用直角坐标形式表示 $G(j\omega_1)$，即：

$$G(j\omega_1)=R(j\omega_1)+jI(j\omega_1) \tag{2-2-2}$$

如图 2-2-2(b)所示为直角坐标系下的矢量 $\overrightarrow{OA}$。同样，在图 2-2-2(b)中也可以作出 ω 从 0 变化到 ∞ 的 $G(\mathrm{j}\omega)$ 轨迹曲线。如果把两个坐标图重叠起来，那么在两个坐标图上分别作出的同一 $G(\mathrm{j}\omega)$ 曲线也将重合。因此，习惯上把图 2-2-2(b)的 $G(\mathrm{j}\omega)$ 曲线也叫做 $G(\mathrm{j}\omega)$ 的极坐标图。

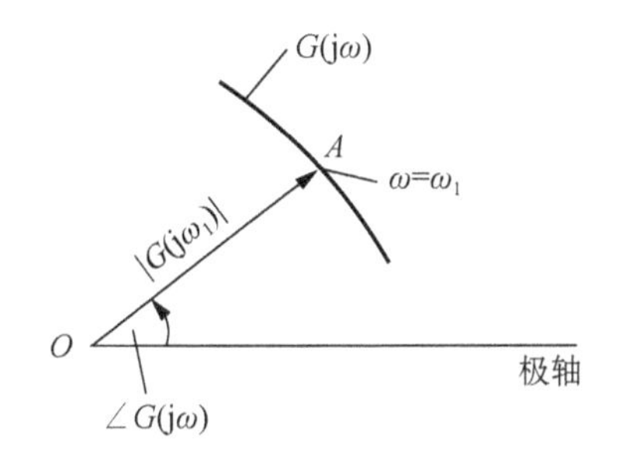

(a) $G(\mathrm{j}\omega)$ 的极坐标图示法

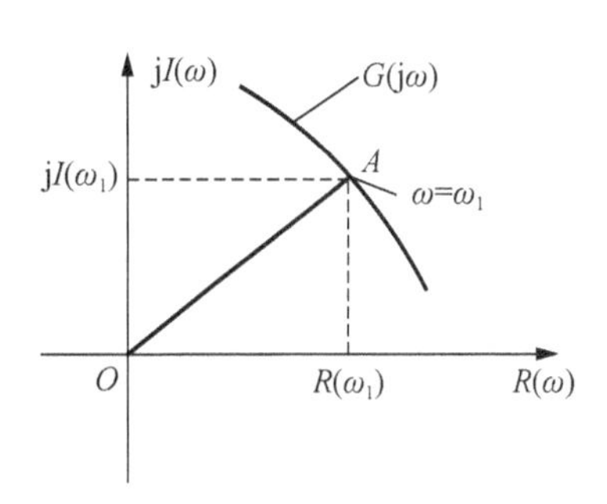

(b) $G(\mathrm{j}\omega)$ 的直角坐标图示法

图 2-2-2　频率特性 $G(\mathrm{j}\omega)$ 的图示法

(2) 伯德图

除了极坐标图外，用对数坐标图来描述频率特性也是一种常用的方式，它的优点主要在于无论是计算还是作图都比较方便。此外，它还能清晰地展示系统的各项参数对系统性能的影响。

频率特性对数坐标图是将开环幅相频率特性 $G(\mathrm{j}\omega)H(\mathrm{j}\omega)$ 写成：

$$G(\mathrm{j}\omega)H(\mathrm{j}\omega)=M(\omega)\mathrm{e}^{\mathrm{j}\varphi(\omega)} \tag{2-2-3}$$

式中：$M(\omega)$ 为幅频特性；$\varphi(\omega)$ 为相频特性。

将幅频特性 $M(\omega)$ 取以 10 为底的对数，并乘 20 得 $L(\omega)$，单位为分贝(dB)，即：

$$L(\omega)=20\lg M(\omega) \tag{2-2-4}$$

$L(\omega)$ 与 ω 的函数关系称为对数幅频特性，如图 2-2-3(a)所示。图中以 $L(\omega)$ 为纵坐标，以频率为横坐标，其中横坐标用对数分度，这是因为系统的低频特性比较重要，ω 轴采用对数分度对于扩展频率特性的低频段和压缩高频段十分方便，而 $L(\omega)$ 则采用线性分度(等刻度)。

在对数相频特性图中，以 $\varphi(\omega)$ 为纵坐标，ω 为横坐标，横坐标也是用对数分度，纵坐标用等刻度分度，如图 2-2-3(b)所示。将对数幅频特性和对数相频特性合称为对数频率特性图，又称为伯德图。

为了方便地绘制对数频率特性图，采用了十倍频程(decade，简写为 dec)倍频。所谓"十倍频程"，是指在 ω 轴上对应于频率 ω 每两个相邻频带之间增大 10 倍的频带宽度，如图 2-2-4 所示。由于图中的横坐标按对数分度，因此 ω 每变化 10 倍，横坐标就增加一个单位长度，例如 ω 从 0.1～1 或 ω 从 1～10 等频带宽度，都是十倍频程，可见，横坐标虽然对于 ω 而言是不均匀的，但是对 $\lg\omega$ 来讲却是均匀的。每个十倍频程中，ω 与 $\lg\omega$ 的对应

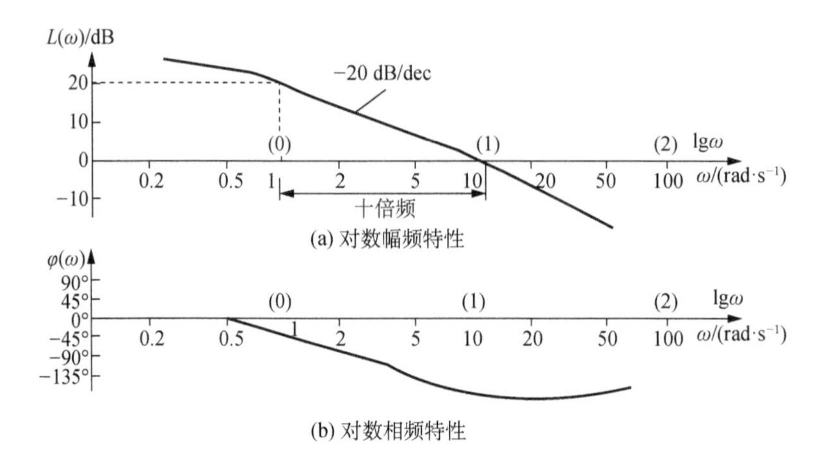

(a) 对数幅频特性

(b) 对数相频特性

图 2-2-3　对数频率特性图(伯德图)

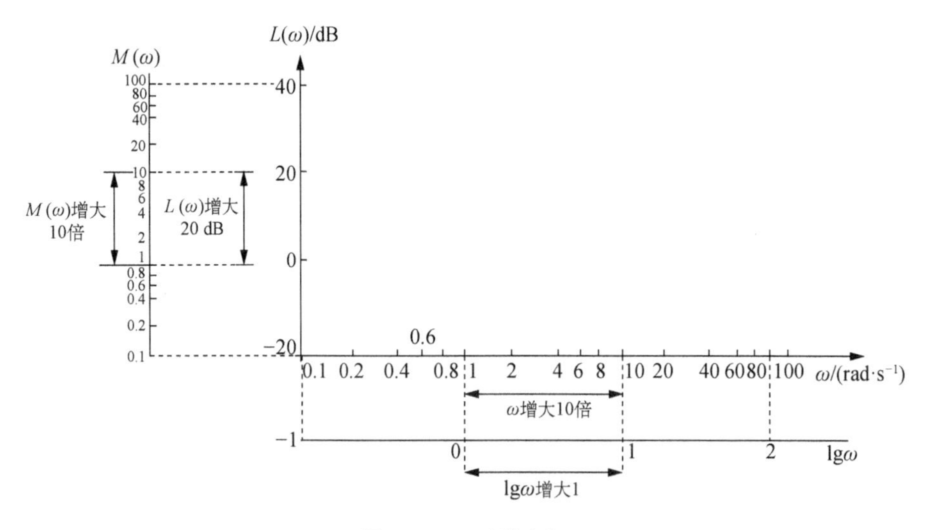

图 2-2-4　对数坐标

关系如图 2-2-4 所示。所有十倍频程在 ω 轴上对应的长度都相等(例如 $\lg1-\lg0.1=1$, $\lg10-\lg1=1,\cdots$)。

所谓倍频程,是指在 ω 轴上,ω 从 1～2 或从 2～4 等的频带宽度。所有倍频程在 ω 轴上对应的长度也相等(例如 $\lg2-\lg1=0.301$, $\lg4-\lg2=0.301,\cdots$)。

通常,对数幅频特性的"斜率"是指频率 ω 改变十倍频时 $L(\omega)$分贝数的改变量,单位是 dB/dec(分贝/十倍频)。图 2-2-4 中纵坐标 $L(\omega)=20\lg M(\omega)$,称为增益。$M(\omega)$每变化 10 倍,$L(\omega)$就变化 20 dB。

2.2.4　频域分析的优缺点

频域分析法便于进行系统分析与修正,能够显著提高系统性能,取得预测效益。频域分析法的优点主要表现在以下几个方面：

（1）频率特性尽管是一个稳定特性，但它不仅反映出了系统的稳定特性，而且可用来探讨过程的稳定性和瞬态特性，而不必求解特征方程的根。

（2）在二阶系统的过渡过程中，所有动态性能指标都与频率特性相关，且关系明确，可以通过频率特性间接研究各参变量是如何影响系统的瞬态响应的。

（3）通过解析法，我们能够快速获知线性系统的频率特性。

（4）一些稳定系统比较复杂，不容易通过理论分析得到动态方程，这时就可以通过实验来测定系统的频率特性，进而从频域角度进行分析。

（5）频域分析法不局限于线性系统，一些非线性系统也可以应用。

频域分析法的缺点在于，同时域分析法相比不容易理解，并且在获得频谱和把频谱还原为时域信号的过程中需要一定的计算量。

2.2.5　相关应用

频域分析被广泛应用于各个领域，如心电、脑电的频域分析，噪声信号的频域分析，光信号的频域分析等，在系统维护、信号量测、组件的频率增益与物料品管等方面也有重要应用。

信号处理中，频域分析的具体应用举例如下：

（1）都知道紫外线对皮肤、眼睛都不好，将接收的光波进行频域分析，就知道紫外线到底有多强了。

（2）人耳可听到的频率范围是 20 Hz～20 kHz，利用这一知识，将采样率定在 40 kHz 以上（大多数音频都是以 44 kHz 采样的），对于大多数人而言，就感受不到采样导致的失真了。

（3）空中那么多信号在传输，如 AM/FM/Wi-Fi/2G/3G/4G/卫星等，若不进行频域上的处理，则很容易发生“撞车”。

2.3　时频域分析

2.3.1　频域与时域的联系

时域的自变量是时间，即对应的图中横轴是时间，纵轴是信号的变化，动态信号 $x(t)$是表示信号在不同时刻取值的函数。频域的自变量是频率，即对应的图中横轴是频率，纵轴是该频率信号的幅度，也就是通常说的频谱图。频谱图描述了信号的频率结构以及频率与该频率信号幅度的关系。时域分析时，参数是时间 t，也就是时域函数为 $y=f(t)$；频域分析时，参数是频率 ω，也就是频域函数为 $Y=F(\omega)$，两者之间可以互相转化。时域函数通过傅里叶变换就变成了频域函数。

在电子学、控制系统及统计学中，频域是指在对函数或信号进行分析时，分析其与频率相关的部分，与时域一词相对。函数或信号可以通过一对数学的运算子在时域及频域之间进行转换。例如傅里叶变换可以将一个时域信号转换成在不同频率下对应的振幅和相位，其频谱就是时域信号在频域下的表现，而傅里叶逆变换可以将频谱再转换为时域信号。

以信号为例，信号在时域下的图像可以描述信号如何随着时间变化，而信号在频域下的图像可以显示信号分布在哪些频率下及其相应的比例。频域的表示法包括各个频率下的大小和相位，利用大小及相位的信息可以赋予各频率弦波不同的大小及相位，将它们相加以后还能够还原成原始信号。在频域分析中，常使用频谱分析仪将实际信号转换为频域下的频谱。

时域分析和频域分析就是从不同的角度来分析信号，前者是通过时间的变化来描述动态信号，后者是通过不同频率带来描述动态信号。显然，时域分析更加直观，便于人们理解，而频域分析更加深入问题本质。近年来，研究者们越来越倾向于使用频域分析信号，但是实际工程应用中，时域分析和频域分析两者是紧密相关的，不能完全脱离其中一方。

2.3.2 时频域分析法

常用的线性时频表示方式有 Gabor 变换、小波变换、S 变换等。

1) Gabor 变换

Gabor 变换是 D. Gabor 于 1946 年提出的，为了提取傅里叶变换的局部信息，引入了时间局部化的窗函数（把信号划分成许多小的时间间隔，用傅里叶变换分析每一个间隔），这是一种短时傅里叶变换方法。

设函数 f 为具体的函数，且 $f \in L^2(R)$，则 Gabor 变换定义为：

$$G_f(a,\ b,\ \omega)=\int_{-\infty}^{+\infty} f(t) g_a(t-b) \mathrm{e}^{-\mathrm{j}\omega t} \mathrm{d}t \tag{2-3-1}$$

式中：$g_a(t)=\dfrac{1}{2\sqrt{\pi a}}\mathrm{e}^{-\frac{t^2}{4a}}$ 为高斯函数，称为窗函数；$a>0$，$b>0$；$g_a(t-b)$ 是一个时间局部化的窗函数，其中参数 b 用于平行移动窗口，以便覆盖整个时域，对参数 b 进行积分，则有信号的重构表达式为：

$$f(t)=\frac{1}{2\pi}\int_{-\infty}^{+\infty}\int_{-\infty}^{+\infty} G_f(a,\ b,\ \omega) g_a(t-b) \mathrm{e}^{\mathrm{j}\omega t} \mathrm{d}\omega \mathrm{d}b \tag{2-3-2}$$

这里取 $g(t)$ 函数为高斯函数有两个原因：一是高斯函数的傅里叶变换仍为高斯函数，这使得傅里叶逆变换也使用窗函数局部化，同时体现了频域的局部化；二是 Gabor 变换是最优的窗口傅里叶变换，其意义在于 Gabor 变换出现之后，采用的是真正意义上的时间-频率分析。

与传统的傅里叶变换相比，Gabor 变换具有良好的时频局部化特性，即能非常容易地调整 Gabor 滤波器的方向、基频带宽及中心频率，从而能够最大限度地兼顾信号在时空域和频域中的分辨能力。

然而，Gabor 变换的缺点也比较明显：一是 Gabor 变换的时频窗不能调节，由于信号的频率和周期成反比，因此当频率较低时需要较宽的时间窗口以保证不损失信息，当频率较高时需要较窄的时间窗口以增大分辨率；二是 Gabor 变换的基函数不能成为正交基，如果不想出现信息的损失，那么在分析计算的过程中就要采用非正交的冗余基，这会极大地增加计算量和存储量。

2）小波变换

小波变换在 Gabor 变换的基础上有所突破，在保留局部化思想的同时提供了能够调节的时频窗。它的主要特点是通过变换能够充分突出问题某些方面的特征，实现对时间频率的局部化分析，通过伸缩平移运算对信号逐步进行多尺度细化，最终实现高频处时间细分，低频处频率细分，能自动适应时频信号分析的目标，从而可聚焦到信号的任意细节。

从数学上来说，小波函数是函数空间 $L^2(R)$ 中满足“容许性”条件的一个信号 $\psi(x)$。对于任意实数对(a, b)，参数 a 必须为非零实数，称如下形式的函数为由小波母函数$\psi(x)$生成的依赖于参数(a,b)的连续小波函数：

$$\psi_{a,b}(x)=\frac{1}{\sqrt{|a|}}\psi\left(\frac{x-b}{a}\right) \tag{2-3-3}$$

小波函数在原点附近才有明显偏离水平轴的波动，在远离原点时函数值迅速衰减为零，所以对任意参数(a,b)，小波函数 $\psi_{a,b}(x)$在 $x=b$ 附近存在明显的波动，在远离 $x=b$ 的地方迅速衰减到零。小波变换定义式为：

$$W_f(a,b)=\frac{1}{\sqrt{|a|}}\int_{-\infty}^{+\infty}f(t)\psi\left(\frac{x-b}{a}\right)\mathrm{d}t \tag{2-3-4}$$

式中：a 为尺度参数，它表示的是以 $t=b$ 为中心的波动范围，能够改变频谱结构和窗口的形状；b 为时间中心参数，它表示的是分析的时间中心或时间点。

小波变换可以说是用来做信号时频分析的理想方法，其方法本身并无多少不足，最关键的问题在于小波基难以选取，在信号分析的过程中选取不同的小波基最终会导致不同的分析结果。

3）S 变换

无论是傅里叶变换、Gabor 变换还是小波变换，都有各自的优点和不足。傅里叶变换的使用范围有限，不能用在非收敛信号上；Gabor 变换的时频窗无法调节；小波变换选取基函数困难。S 变换介于 Gabor 变换和小波变换之间，结合了两种方法的优势，可自适应调节分辨率且其逆变换无损可逆。

S 变换定义为：

$$S(\tau, f)=\int_{-\infty}^{+\infty}h(t)\frac{|f|}{\sqrt{2\pi}}\mathrm{e}^{-\frac{(\tau-t)^2f^2}{2}}\mathrm{e}^{-\mathrm{j}2\pi ft}\mathrm{d}t \tag{2-3-5}$$

式中：τ 为时间，控制窗口函数在时间轴上的位置；$h(t)$为分析信号；f 为频率；$S(\tau,f)$为变换得到的时频谱矩阵。

S 变换在 Gabor 变换和小波变换的基础上更进一步：S 变换中高斯窗的尺度大小取决于频率的倒数，将信号 S 变换的时频谱的分辨率与频率（即尺度）关联起来，使得 Gabor 变换无法调整分析窗口频率的缺陷被解决。S 变换在继承小波变换的多分辨优点的基础上，还具备小波变换不具备的相位因子。鉴于 S 变换能自适应调节分辨率的特点，无论是对于高频分量还是低频分量，都能够有良好的表现，保持低频部分较高的分辨率，同时也不会存在交叉项。因此当信号的频带较宽时，我们可以优先选用 S 变换。

除了上述的三种线性时频表示方式外，还有双线性时频表示方式，又称非线性时频表示方式，其中比较著名的就是 Wigner-Ville 分布和希尔伯特-黄变换。

1）Wigner-Ville 分布（WVD）

Wigner-Ville 分布作为 Cohen 类双线性时频分布中最基本的一种，其实质是将信号的能量分布于时频平面内。某确定性时间连续信号 $x(t)$的 WVD 定义为：

$$W_x(t,\ f)=\int_{-\infty}^{+\infty} x\left(t+\frac{\tau}{2}\right) x^*\left(t-\frac{\tau}{2}\right) \mathrm{e}^{-\mathrm{j}2\pi\tau f}\,\mathrm{d}\tau \tag{2-3-6}$$

该公式可理解为：将过去某一时刻的信号乘未来某一时刻的信号，再对两个信号的时间差 τ 求傅里叶变换。因为 $x(t)$出现两次，所以称其为双线性变换。由于式中不含任何窗函数，因此避免了 Gabor 变换时间分辨率与频率分辨率相互牵制的矛盾。此外，还有一个需要注意的地方，对于任意的双线性时频分布，其本质上都不是线性的，不满足线性叠加原理，即若干个信号和的 Wigner-Ville 分布与这些信号的 Wigner-Ville 分布的和不相等。

Wigner-Ville 变换具有许多优越的特性，如对称性、时移性、组合性、复共轭关系等，不会丢失信号的幅值或相位信息，对瞬时频率和群延时有清晰的概念，总而言之，Wigner-Ville 分布具有良好的时频聚集性。然而，在实际应用中，Wigner-Ville 分布的缺点也是非常明显的：由卷积定理易知，对于多分量信号，Wigner-Ville 分布会产生交叉项。这些“虚假信号”一般是振荡的，并且幅值较大甚至能够接近信号自项的两倍，会产生严重影响，使得信号的原始特征变得模糊。

2）希尔伯特-黄变换

希尔伯特-黄变换（HHT）分为三步：首先是利用经验模态分解方法（EMD）将给定的信号分解为若干固有模态函数（IMF），这些 IMF 是满足一定条件的分量；其次，对每一个 IMF 进行 Hilbert 变换，得到相应的 Hilbert 谱，即将每个 IMF 表示在联合的时频域中；最后，汇总每个 IMF 的 Hilbert 谱就会得到原始信号的 Hilbert 谱。

其中，EMD 的具体过程如下：

（1）找出待分析信号的所有极值点，用三次样条曲线拟合出上下极值点的包络线，并求出上下包络线的平均值，再求出待分析信号和平均值的差值 h。

（2）根据预设判据判断 h 是否为 IMF，判断条件是：

① 数据的极值点和过零点的数目必须相等或最多相差一个。

② 在任何点上，局部最大值的包络和局部最小值的包络平均必须为零。

如果 h 不符合 IMF 的条件，则将上述步骤重复 k 遍，直至新的 h 符合 IMF 的条件；如果 h 符合了 IMF 的条件，则以其作为原信号的第一个 IMF，并求出原信号与该 IMF 的差值 r。

（3）将 r 作为待分解信号，重复以上过程，直到所剩余的 r 就只是单调序列或者常值序列。

HHT 方法是一种自适应性信号处理方法，与其他方法相比，其优势主要体现在非线性、非稳态信号处理方面。但 HHT 分解复杂信号时存在求解结果精确度不高、计算时间长等缺点，并且截止到目前，HHT 的理论基础还是比较薄弱的，对其的研究大多只是在方法和实践方面，有待于进一步改进。

2.3.3　相关应用

时频联合分析是信号处理中强有力的工具，它打破了单一使用时域或频域进行分析的局限，将两者合而为一作为一个整体进行分析，这在一定程度上拓宽了我们进行信号分析的思路和方式，能帮助我们更准确地描述信号。因而时频联合分析被广泛应用在捕捉、识别特定信号及干扰分析等多个领域，如抗窄带干扰分析、心冲击信号提取、脉搏波时频域特征混叠分类、太阳能硅片缺陷检测、基于振动信号时频域特征的换流变真空有载分接开关状态检测等。

习　题

1. 简述时域分析方法的发展过程。

2. 设控制系统闭环传递函数 $\varphi(s)=\frac{w_n^2}{s^2+2\xi w_n+w_n^2}$，试在 s 平面上给出满足下列各要求的闭环特征根可能位于的区域：

(1) $0.707\leqslant\xi<1$，$\omega_n\geqslant 2$；

(2) $0<\xi\leqslant 0.5$，$2\leqslant\omega_n\leqslant 4$；

(3) $0.5\leqslant\xi\leqslant 0.707$，$\omega_n\leqslant 2$。

3. 设一单位反馈系统的开环传递函数为 $G(s)=\frac{K}{s(0.1s+1)}$，试分别求 $K=10s^{-1}$ 和 $K=20s^{-1}$ 时系统的阻尼比 ξ、无阻尼自振频率 ω_n、单位阶跃响应的超调量 $\sigma_p\%$ 和峰值时间 t_p，并讨论 K 的大小对动态性能的影响。

4. 试求：(1) $G(s)=\frac{10}{s+4}$；(2) $G(s)=\frac{4}{s(2s+1)}$；(3) $G(s)=\frac{K(\tau s+1)}{Ts+1}(K>1,\ \tau>T)$ 的幅频特性 $A(\omega)$、相频特性 $\varphi(\omega)$。

5. 绘制下列传递函数的对数幅频渐近线和相频特性曲线。

(1) $G(s)=\frac{4}{(2s+1)(8s+1)}$；　　(2) $G(s)=\frac{24(s+2)}{(s+0.4)(s+40)}$；

(3) $G(s)=\frac{8(s+0.1)}{s(s^2+s+1)(s^2+4s+25)}$；　　(4) $G(s)=\frac{10(s+0.4)}{s^2(s+0.1)}$。

6. 频域分析常见的理论方法有哪些？

7. 请简述时域与频域的关系。

8. 时频域分析法的相关应用有哪些？

9. 简述傅里叶变换、Gabor 变换以及小波变换之间的异同。

第3章 人工智能基础

3.1 特征工程

3.1.1 引言

特征工程技术是指通过大量的工程性技术，在原有信息中过滤出最优的特征信息的技术。借助这一过程，只要将提取的特征输入预测模型，就能在一定程度上提升模型对不可见数据的预测准确度。“数据和特征决定了机器学习的上限，而模型和算法只是在逼近这个上限。”这是在实际工业领域广为流传的一句话。由此可见，数据和特征的质量对模型和算法的效果起到了关键性的作用。而特征工程作为机器学习，乃至深度学习中极为重要的一环，不仅打开了数据密码之门，而且是数据科学中具有革命性的元素。然而，由于特征工程总是与具体的特征信息高度相关，因此人们很难系统地对其进行概括与描述。简单来讲，想要熟练掌握特征工程这门技术，需要具备扎实的学科理论、基本的数学能力和一定的经验与直觉。因此，特征工程是一门让数据能够如艺术一样表达的工程技术。

3.1.2 定义及原理

随着各个领域创新技术的接连出现，现实中信息的容量不断朝着大规模方向积累和发展，这些大规模的数据集中存在着大量的冗余和噪声信息，对机器学习算法的效率及可靠性产生了极大的影响。大规模样本化可能产生的风险主要表现在纵向和横向两种层面：纵向是指其所涉及样本的规模相当巨大，但类型分布并不均匀；横向是指样本的特征或属性有过高的维度，并且包含大量冗余或无关特征。因此要对这些数据进行处理后才能加以利用。特征工程就是把这些大规模数据转换为特征的过程，使这些特征能更好地描述数据，通过使用这些特征建立的模型，在大量未知数据上的表征特性也可获得最优化。

特征工程一般分为数据预处理、特征选择、降维等阶段。其主要通过选取一些表示典型特征的信息，以取代原始数据作为模型输入信号，从而获得更好的数据结果。举一个通俗的实例，现有一道简单的二分类问题：请基于逻辑回归构建一种身材分类器。输入数据 X，表示身高体重，标签 Y 代表身材分类(如正常、肥胖)。显然，仅仅根据体重来判断一个人的身材是不客观的，假设一个人身高 1.9 m，体重 75 kg，另一个人身高 1.6 m，体重 70 kg，那么究竟谁更胖呢？根据著名的特征工程——BMI 指数，我们就能解决这种身材判断问题，其公式为：$\text{BMI}=\text{体重}/\text{身高}^2$。所以只需要通过 BMI 指数，我们就能够非常直观地对人的身材进行描述，甚至在得到 BMI 指数后，可以直接摒弃掉原始的体重和身高数据。特征工程可以理解为基于原有的已知量 X，在尽可能保留目标信息的情况下构造出表征能力更强的 X'。其基本的操作又可以分为降维（筛选）和升维（衍生）。虽然这听上去很容易理解，但是在工程实践过程中降维和升维的操作过程都是困难重重的，甚至要求具备非常专业的理论知识。

实际上，我们提供给模型的数据都是具备基本数据类型的有关属性与结构的，但并不是所有的属性都可以看作特征，它们之间的差别关键在于该属性对处理这个问题有无影响，一般认为特征即为对问题建模有关键意义的属性。特征工程的过程实际上是把属性转换成了特征。属性代表着数据的所有维度，当我们在为数据建模时，如果要把原始数据的每一个属性都考虑进去，那么数据中的潜在规律其实并不容易被发现，但只要对数据采用特征工程进行预处理，算法模型便不容易受到噪声的干扰，输出的结果也更加准确。一般来说，好的特征灵活性更强，仅仅通过简单的训练模型就能获得令人满意的结果。正所谓“工欲善其事，必先利其器”，而特征工程正是在“利其器”。在互联网企业里，大多数高复杂度的模型都由在员工中占极小比例的数据科学家负责构建，而在数据仓库中，数据工程师们的主要工作通常是一边持续进行数据清洗，一边通过分析业务来搜索合适的特征。比如，在广告部门工作的数据挖掘工程师，只需要两个星期就能对特征进行一次迭代，一个月左右能够初步优化模型，从而提升准确度。但对于特征工程中引用的新特征，人们必须首先检验其是否能带来准确度的切实提升，若一味增加特征而不考虑其有效性，反倒会使算法的运算复杂度更高。

作为数据科学与机器学习流水线上的关键部分，特征工程包括了识别、清洗、挖掘并构建数据的特征等步骤，而这些环节都是为了能进一步解释数据，并进行预测性分析。在本书中，针对特征工程的所有步骤都做了解释，包括数据检查、转换与再处理、可视化处理等，此外还提供了众多数学方法，协助读者掌握处理分析数据并将其转换成方便计算机和机器学习流水线处理形式的方法。本书的特征工程实例采用 Python 编程语言作为示例语言。

下面说明特征工程的基本过程：数据预处理、特征构建、特征提取与特征选择。

数据预处理一般是将原始数据中的异常数据清除，将数据无量纲化，处理信息冗余定性特征等编码问题，为特征工程打下基础。

特征构建是由人工从原数据中构建新的特征。

特征提取是一种把原始特征转换成物理意义或统计意义更加鲜明的特征的降维技术，如降低原始数据中某特征的取值数目。特征提取包括主成分分析法、独立成分分析法和线性判别分析法。

特征选择则是在特征集合中筛选出最具统计意义的特征子集，以此实现降维的目的，并不改变每个特征本身的物理意义。

3.1.3　数据预处理

常见的数据类型有两种：非结构化数据和结构化数据。非结构化数据主要包括音频、视频和图像数据。这些数据中包含的信息没有清晰的类别定义，仅用一个简单的数值难以确切地表示，并且这些数据的量纲并不统一。结构化数据相当于关系型数据库的表格，表格的每一列都被赋予了明确的含义，包含两种基本类型：类别型与数值型，并且每行数据仅代表单个样本信息。由于原始数据常包含一些噪声、不完整或矛盾的数据，因此为了提升模型训练效果，在将数据输入模型之前，必须对其做一定的处理，这种针对原始数据进行的操作叫做数据预处理。数据预处理作为特征工程中非常重要的一个步骤，主要包含数据清洗、数据集成和数据转换。

1）数据清洗：在数据采集过程中，如果传感器等硬件出现问题，或者数据传输过程受到干扰，就会导致原始数据中掺杂错误信号，需要通过清洗数据来保证数据的正确性。数据清洗一般包括对缺失值和异常值进行处理。

（1）缺失值处理。当无法进行采样或观测不到相关对象时，可能会丢失一些特征。例如，当平台未能获取采集地理位置信息的权限，甚至获取地理位置出错时，就必须对这个空出的数据位置进行处理。通常在训练模型的过程中，缺失值的存在是一种大概率事件，而对于缺失值的处理主要有两种方式：一是将缺失值删除；二是对缺失值进行填充。缺失值删除就是把含有缺失值的对象（元组、集合等）直接删除，以此来获得完整的数据结构。缺失值填充就是用一些特定的方式对缺失值进行填充，如恒定值填充、平均数填充、众数填充、相邻数据填充、插值法填充、KNN 填充、随机森林法填充等。此外，有时也会把缺失值本身视为一种特殊的数据，即无须对其进行处理，如在 XGBoost 和 LightGBM 中，缺失值会被视为数据并参与学习。

（2）异常值处理。异常点监测算法是用于样本分析的常用方法，常见的异常点检测算法主要有偏差检测、基于密度的异常点检测、基于统计的异常点检测、基于距离的异常点检测。偏差检测是对数据集中的偏差数据进行检测；基于密度的异常点检测是通过分析当前点周围密度，找出局部异常点，大多数时候检测到的异常数据会被摒弃掉；基于统计的异常值检测一般利用数值型数据的统计性质来检测异常值，包括标准差、均差、极差等；基于距离的异常点检测是用距离度量的方法将那些与其他多数点的距离超过某一阈值的异常点筛选出来。

此外，数据清洗还包括对一些重复值进行去重操作，以及在数据采样的过程中，对多样本类别进行欠采样（under-sampling），对少样本类别进行过采样（over-sampling）来实现数据平衡。

2）数据集成。机器学习模型所需要的数据往往分布在不同的数据源中，而数据集成就是将来自多个数据源（如数据库和文件等）的数据按照统一的格式结合在一起，从而形成较为完整的数据集合。通过数据集成，可以实现将来自多个数据源的数据相互匹配。数据集成的过程中可能存在的问题如下：

（1）模式集成和对象匹配复杂。不同数据库中对于同一实体的标识可能不同，比如数据库 A 中的实体标识 id 与数据库 B 中的实体标识 no 对应的是同一种实体。针对此类问题，可以直接使用元数据来解决。

（2）数据冗余问题。例如包含速度的属性可以从另一个属性或一组属性导出，则它可能是多余的。另外，属性或维度命名的不一致也会使数据集中产生冗余。通过相关分析也可以发现一些冗余，即根据可用数据计算一个属性对另一个属性的暗示程度。

(3) 数据值冲突的检测和解决。由于存在表示、缩放或编码上的差异，因此对于同一个实体，来自多个数据库的属性值可能不同。这就需要将其中的数据值冲突检测出来，并进行分析，从而找到相关解决方案。

3) 数据转换。数据特征通常包括连续型和离散型。下面将分别阐述针对这两种类型特征的数据转换。

(1) 连续型特征转换

① 函数转换

当模型有要求自变量或因变量服从特定的概率分布(如均匀分布、正态分布)的假设条件，甚至二者本身就服从特定的概率分布时，模型能因此显现出更加优越的性能。但这种情况下对因变量或特征进行非线性转换是我们必须要做的。这一转换过程虽然听起来很容易，但需要额外注意的是，在对新加入的特征做非线性转换的同时也要记得将其归一化。在转换特征时，必须把转换之后的特征也放进模型一起训练。

② 特征缩放

一些情形下，有的特征比其他特征具有更加明显的跨度值，此时借助缩放技巧能够解决特征之间权重差距悬殊的问题。比如计算某人的年龄与收入关系，有的模型(如岭回归)甚至要求必须把特征值缩放在一定区域内。

③ 无量纲化

为防止数据特征间的量纲影响到数据的分析，我们需要对特征进行无量纲化处理，以提高跨指标的数据间的可比性。常见的无量纲化方法有归一化、标准化、区间缩放法等。

④ 二值化(定量特征)

将数值型数据输出为布尔型即为数据的二值化，其关键是设置一个阈值，若样本数据超过阈值，则输出为1；若小于等于阈值，则输出为0。通过公式可表述为：

$$x' = \begin{cases} 1, & x > threshold \\ 0, & x \leqslant threshold \end{cases}$$

⑤ 离散化分箱处理

在某些情况下，按块对一定区域内的数值进行划分，按照不同类的形式来表现连续型变量有更强的实用意义，还能减小算法所受到的噪声影响。有时把给定值分给邻近的块，这种能减小错误影响的操作被称为分箱，这样还能够减少过拟合。比方说想对带有什么样特征的人会购买某网店的商品这一问题做出预测，用户年龄显然是个连续量，那么对此就可做如下区分，年龄分别为：小于16岁、16～22岁、23～30岁、31～45岁、大于45岁。这是因为更近的年龄阶段所具有的属性特征也往往更接近，可以使用一些标量值来划分出多个年龄段作为类别。

这一方法的重点是如何确定分段中的离散点，要想使得分区操作具有切实的意义，首先必须要有变量领域的知识基础，并且明确属性是否可被简单地分段，也就是说，必须要保证所有被划分到同一个类的数据所表现出的特征是一样的。以下对一般的离散化方法进行介绍：等距离离散（等距分组），即离散点选取等距点；决策树离散化（最优分组），一般每次仅离散化一个连续特征；卡方分箱，该方法属于自底往上（基于合并的）的离散化方法，常见于评分卡开发中；等样本点离散（等深分组），令选取的离散点落在每个区域中的样本数量大致相同。

（2）离散型特征转换

① 数值化处理

二分类问题：如果想要用标量来表示类别属性，那么二分类就是最简单且有效的方式。即用布尔量表示分类一与分类二。此时我们可以将得到的值看作是样本属于类别一与类别二的概率分布，而可以不用对结果排序。

多分类问题：选取多分类。

非平衡分类问题：样本采样方式选择过采样/欠采样。

② 独热编码（One-hot Encoding）

独热编码的中心思路是通过 N 位的状态寄存器编码 N 种状态，而 N 个虚拟变量由一个变量的 N 个值转换而成，各个状态都有其独立于其他状态的状态寄存器位，并且始终仅有一位有效位。例如，对于由{红，绿，蓝}组成的颜色属性，一般对每个类别属性进行二元编码（非零即一），具体参见表 3-1-1。所以，新添加的属性在数量上与类别相同，对于数据集中的各个实际样本，其他位都为 0，仅有一位是 1，这就是独热编码方式。

表 3-1-1　颜色属性独热编码

颜色属性	独热编码
红	(1,0,0)
绿	(0,1,0)
蓝	(0,0,1)

③ 哑编码（Dummy Variable）

采用 $N-1$ 位状态寄存器来对 N 个状态进行编码。仍以{红，绿，蓝}组成的颜色属性举例，哑编码一般的表达方式如表 3-1-2 所示。

表 3-1-2　颜色属性哑编码

颜色属性	哑编码
红	(1,0)
绿	(0,1)
蓝	(0,0)

④ 时间戳处理

时间戳属性一般要通过多个维度来表示：年、月、日、时、分、秒。但在大部分应用中，其中包含了许多冗余信息。例如某监督系统中，假设借助“位置＋时间”的函数对城市的交通故障情形进行判断。在这一案例里，大概率会仅仅以秒为单位来学习趋势，这种学习方法显然并不合理,而且“年”这一维度上的信息也无法使模型得到的值获得有意义的变化,我们大部分时候只需要时、日、月等维度。所以描述时间的时候,需要确保提供给模型的数据都是模型所要求的。不仅如此,若数据源是从不同地区收集的,还要基于时区来标准化收集到的数据。

(3) 解决方案实例

具体来说,针对数据特征存在的一些具体问题,有着不同的解决方案,具体如下:

问题一:特征所属量纲有差异,或者说特征的规格不一样。解决方案:去量纲化,即把多个规格的数据转换为同一规格。一般会使用区间缩放法与标准化法。不过标准化法有特征值必须服从高斯分布这一要求,经过标准化,数据将被转换成标准高斯分布。而区间缩放法则是借助了边界值信息,把特征值的区间缩放进某一特定的区域,如[0,1]。

问题二:信息冗余,对于定量的特征,其内含的有效信息可通过区域进行分块,比如仅关注成绩“合格”或“不合格”时,就可以把定量的分数转换为布尔量,借助二值量来代表及格或不及格。解决方案一般为二值化。

问题三:定性特征无法被直接利用,如一些机器学习算法与模型要求输入特征必须是定量的,这种情况就必须借助定性特征来构造新的定量特征。解决方案:独热编码,当某个特征含 N 种定性值时,就可以将其当成是 N 种特征,然后再利用布尔量表示其是否符合当前特征,即若原始特征值符合第 i 种定性值,则把第 i 位特征值赋为 1,其他为 0。这种方式相较于直接指定的方法调参工作量不变,而对于线性模型,经过独热编码的特征还可以得到非线性转换,省去了额外进行非线性转换的过程。

问题四:特征存在缺失值,即缺失值需要补充。解决方案:主要有删除缺失值、统计填充、统一填充、分析法等方法。

问题五:信息利用率不高,各种机器学习算法和模型对数据隐含的信息都有着不一样的利用程度,在线性模型中,对定性特征进行独热编码即可。

3.1.4 特征构建

基于原始数据来构建新特征,这在统计学和机器学习里也可以称作属性选择、变量选择或变量子集选择;而这一步在构建模型的过程中,就是筛选出相应特征组建特征子集的环节。基于旧特征构建新特征,以此在特征中进一步加入非线性,针对在特征工程中新加入的特征,必须测试其是否能提高预测精确度,否则就相当于加入了一个无用的特征,这样不仅对性能没有提升,反而会增加算法运算的复杂度。这需要我们对样本数据有足够的了解,能够看透问题的本质,还要熟悉数据的结构,并且学会如何更高效地在预测模型中利用它们。

针对文本样式的数据一般要单独列写相关的文档指标;针对图片样式的数据一般要花费较大的时间成本来训练过滤器挖掘相关特征;针对表格样式的数据,一般会将特征进行混合聚集,通过分解分割或组合来构建新特征。这部分一般被我们认为是特征工程中最有艺术性的环节,这一环节从整体上看是更为漫长的,不仅所花费的脑力与时间成本更多,而且会对之后的结果产生巨大的影响。以下将具体介绍一些常见的特征构建方法。

(1) 四则运算

假设有特征 x_1 与 x_2,二者的和 x_1+x_2 即为一个新特征,或者令 x_1 以某数 c 为基准来构造新的布尔量,即当 x_1 大于 c 时,新定义一个 $x_3=1$,反之则令 $x_3=0$。通过这类技巧来生成新的特征集,就是四则运算简单构造。

(2) 交叉特征(组合分类特征)

构造交叉特征属于特征工程里具有举足轻重作用的方法,这种方法会把数个类别属性融合为一,即从数学上对类别特征的全部值进行交叉相乘。只要最后组合的特征性能表现超过单个的特征,这种方法就是具有优越性的。

设现有特征 A 与 B,A 的可能值范围为 $\{A_1,A_2\}$,B 的取值范围为 $\{B_1,B_2\}$。A 与 B 的交叉特征则为:$\{(A_1,B_1),(A_1,B_2),(A_2,B_1),(A_2,B_2)\}$,这些交叉特征的名字可以取任意值,但要特别强调的是,这些交叉特征意味着 A 与 B 相应数据间的协同作用。

我们可以通过一个更容易理解的例子来介绍交叉特征,如经度、纬度。某一单一的经度或纬度可以定位到地图上的许多区域,可只要将经纬度融合为一个特征数据,就可以将其作为坐标指示出某一确定区域,并且该区域里的任何部分都会具有相同的特征。

(3) 分解类别特征

假设某一特征包含“unknown”“green”“red”这几种可能值,就能够通过解析相应的类别来构造新特征。如布尔量特征:0 指代颜色未知,1 则指代颜色已知。通过这样简化特征,便能够将其应用于更简单的线性模型中。

(4) 重构数值量

如构造范围或其他二值特征、构造阶段性的统计特征、分离整数部分与小数部分、单位换算等方法。

3.1.5 特征提取

我们之所以要从原始数据中提取特征,就是为了实现新特征构建的自动化,换句话说就是能够以一组具有鲜明物理或统计意义或核的特征来替代原始特征。如借助对特征取值进行转换从而降低某一特征的取值数目等。针对表格样式的数据,可以在设计的特征矩阵上基于主成分分析(Principal Component Analysis,PCA)和线性判别分析(Linear Discriminant Analysis,LDA)来进行特征提取并构建新特征。针对图片样式的数据,还可以使用线或边缘检测等方法。

(1) 主成分分析

主成分分析属于比较常见的数据分析技术。其基于对原始数据进行线性转换,消去了原始数据中各维度间的线性相关性。该技术能够挖掘出数据的主要特征分量,其中一个常用场景是高维数据的降维。

PCA 的理论基础简单来讲就是把样本的原始数据向目标空间进行投影,也就是矩阵分析中的坐标变换,也可以理解成把一组坐标转换到新的坐标系下。在新的坐标系下,只需用原样本中某一最大线性无关组特征值的空间坐标替代原数据即可。

假设原始样本维数为30×1 000 000,即共30个样本,各样本含1 000 000个特征值,这样就面临着特征值过多的问题,因此必须对原始样本的特征矩阵进行降维。通常我们需要先计算特征矩阵的协方差矩阵(在这个例子中的维数为1 000 000×1 000 000,显然该矩阵的规模很可能给计算系统带来过重的负担,实际计算时可以借助额外的技巧来得出结果,但此处仅介绍基本理论),然后借助协方差矩阵得出其特征值与特征向量,进一步基于最大特征值的特征向量就可以得到相应的转换矩阵。假设前29个特征值在全部特征值中占比超过99%,此时仅仅提取这29个特征值相应的特征向量便能够满足要求。如此就得到了1 000 000×29的转换矩阵,再将原矩阵乘该转换矩阵,便能计算出样本集在新特征空间里的坐标,特征维数也从原先的30×1 000 000变为30×29。通过这种方法就可以把原样本集里各样本的特征值数目减少为29,从而大大减少了计算量。

(2) 独立成分分析

独立成分分析(Independent Component Analysis, ICA)属于基于统计学原理的算法,它其实仍属于线性变换的范畴,该变换将信号解析为在统计学意义上的非正态独立信号源的线性组合。

ICA最关键的一个前置条件即要求信号源在统计意义上独立,而且该前提恰恰在大多数盲信号分离(blind signal separation)的情况下与现实情景相符;但纵使未能达到这一前提,我们依旧能够借助ICA来在统计意义上独立地观察信号,并继续对数据的特性进行解析。

ICA有一个流传已久的典型案例,即鸡尾酒会问题(cocktail party problem),这个问题假设在鸡尾酒会中有n个人,我们利用房间里面的n个麦克风或录音机对同时说话的这些人进行录音,由此得到一个混合信号源或声音源,现在要做的就是从这个信号源中分离出不同人的说话声音。ICA属于利用了信号高阶统计特性的分析技术,由ICA所解析出的子信号成分(也可以称为分量)是相互独立的,ICA也恰恰得益于这一优势而在信号处理领域里广受青睐,且不说较为经典的盲源分离案例,它还在以下领域得到相应应用:

① 图像识别,去除噪声信息;

② 语言识别技术,区分声音来源并消除噪声(如去除噪声只保留输入语音);

③ 通信、生物医学信号处理技术,从复杂混合信号里将某些信号单独筛选出来(如分解孕妇与胎儿的心电信号);

④ 去除非自然数据、故障诊断、特征提取与降维、自然数据处理(如地震声音分离)。

(3) 线性判别分析

线性判别分析是隶属于监督学习的降维方法,其数据集的所有采样都包含类别标签,这一点异于PCA。PCA作为一种无监督的降维方法是不需要样本类别标签的。LDA的基本原理可以用“投影后类内方差最小,类间方差最大”来解释。具体操作时需要先把数据映射到低维空间,并且要注意使同种类别数据的投影点之间的距离都尽量保持在更小的范围,而跨类别数据的投影点之间则尽量保持更远的距离;在对新样本进行分类时,将数据投影到同样的低维空间中,再根据投影点的位置来确定新样本的类别。

LDA有着自变量服从高斯分布这一必要前提,若未能达成该前提,我们便需要考虑采取其他方法。LDA 也与 PCA 与因子分析有密切的关系，它们的一个共同目的是筛选出对数据有最优表达性能的变量线性组合。LDA 为不同数据类构建单独的模型，而 PCA 则是会直接忽视类与类的相异之处，因子分析则是基于不同特征点来构建特征组合。二者不同之处还在于，LDA 不是一个相互依存的技术，也就是必须准确观测出自变量与因变量（也称为准则变量）的不同。当我们收集到的自变量都以连续量的形式来表达信息时，LDA 确实能发挥有效作用。但针对离散型的自变量，即类别型的数据时，应使用判别反应分析这一对照于 LDA 的处理方法。

LDA 作为一种约七十年前提出的技术仍然是模式分类与降维领域中应用最多且极其高效的技术，其有如下几个最经典的应用案例：目标检测与跟踪、基于视觉飞行的地平线检测、人脸识别、人脸检测、语音识别、信用卡欺诈检测与图像检索等。LDA 之所以能如此广受青睐，主要是因为它（包括其多类推广）在以下几个方面远超其他方法：对模式的随机化与归一化不敏感，这一点超越了大部分基于梯度下降的算法；可直接计算出基于广义特征值问题的解析解，因此能够解决在普通非线性算法里（如多层感知器的构建）常见的局部极小值问题，也不用借助人工来对模式类型的输出进行编码，这一点可以让 LDA 在处理不平衡模式类时体现出相较于其他算法高得多的性能。相较于神经网络方法，LDA 无须调参的过程，所以就更不需要考虑学习参数、调整激活函数或是优化权重之类的问题。在一些具体的应用场景里，LDA 不仅在计算效率上远优于支持向量机（SVM），而且能够在泛化能力上与 SVM 一较高下，某些情况下甚至比 SVM 还要更好。正则判别分析法（CDA）的关键则是生成能够对不同类型样本进行最优划分的坐标轴（$k-1$ 个正则坐标，k 为类别的数量）。这些线性函数相互之间线性无关，但其实它们借助 n 维数据云构建了一个最优化的 $k-1$ 维空间，可以对 k 个类进行最优划分（通过其在空间的投影）。

能够预先采集好全部的样本是实现经典 LDA 方法的基础。但有时并不能收集到完备的样本集，甚至输入信号是以数据流的方法得到的，在这种情况下，LDA 的特征提取功能便需要能基于样本的变动而对 LDA 的特征进行更新，而非仅仅基于整个数据集来运行算法。比如，在实时的人脸检测或运动机器人等对实时性有硬性要求的案例里，就必须让所提取的 LDA 特征能够随观察值实时地产生变动。上述可以基于新样本的观测值实时更新 LDA 特征的方法被称为增量 LDA 算法。

3.1.6 特征选择

通过特征表示后建立的图像特征中存在大量冗余信息，且维度通常较高，直接建模会带来计算性能和过度拟合等问题，因此有必要进行特征选择，以便建立更为有效的模型。特征选择是从众多特征中选择一些相关特征的过程。特征选择不改变原有特征的特性，仅是选择其中的一个最优子集合。

通常特征选择算法从输出的形式来讲包括特征排序与子集选择两个子类。特征排序能够基于一定的度量标准对特征重要程度进行排序，后续的学习算法借助设定阈值之类的技巧截取排序靠前的特征输入模型。特征子集选择则需要在特定的特征空间里筛选与模型要求相符的最优特征。一般来说，能让我们满意的特征子集中的特征需要高度相关于目标类型，同时又要确保特征与特征间是不相关的。随机抽取、顺序向后/前搜索、仿生算法和分支界定法等启发式的搜索方法在搜索特征子集这个问题上的优越性已经被绝大部分研究者所认可。

根据特征选择的形式，可以将特征选择算法分为Filter算法、Wrapper算法和Embedded算法三类。

1）Filter算法

Filter算法相对独立于分类问题后续的应用算法，可以作为一个独立环节对数据进行预处理。因为该算法并不是基于特定的学习算法设计的，所以相较于其他算法，其在在线数据与大规模数据等领域中具有较大优势。Liu等人以信息标准、依赖性标准、一致性标准和距离标准这四种指标来对Filter算法的评判指标进行了总结。Kira等人提出的Relief技术及其改进版本ReliefF技术也属于Filter算法，后者相较于前者能够适用于更多种类的问题，这二者都是基于欧几里得距离进行设计的。还有一些基于信息论和统计学的特征选择算法，如互信息、信息增益、卡方检验、GSS系数、NGL系数、改进的基尼系数、基于模糊度量的特征选择、基于二项假设检验的特征选择、基于泊松分布的度量、基于综合度量的特征选择算法、最佳项等。在基于信息理论的特征选择算法中，熵值的定义与估值也是影响相关性分析的关键因素。刘华文等人提出了一种基于动态互信息的特征选择算法。Kwak和Choi等人提出了基于Parzen窗口来对目标的类型与特征间的互信息进行近似估计。Filter算法的计算效率在各种算法中也能占据不少优势，对各种学习算法里所提取出的子集也有非常高的适用性，不过该算法并不一定能提取出特定分类器中的最优特征集。

由于单一的特征选择算法各有优缺点，一些学者决定将各类特征选择算法进行融合，以此使它们发挥各自所长，使特征选择效果更优。Zhang等人利用F-test对冗余或无关特征进行了特征筛选，再借助Bhattach距离来预测筛选出的特征的类区分性能。Huang基于数种Filter算法对特征子集进行了筛选，再借助糅合了多种分类算法的投票策略对股市进行判断。Alexe提出了基于Filter和Wrapper的双阶段特征选择过程，第一环节先利用诸如信噪比、熵、分离度、Envelope eccentricity和Pearson相关系数这五种评价准则选择高度相关于目标类别的特征；第二环节通过评估所选的特征集合在分类模式中的重要程度进行更深一步剔除。

2）Wrapper算法

Wrapper算法即封装法，该算法基于目标函数单次筛选出一定特征或删去一定特征。封装法直接以学习器的使用效果为标准来评判特征子集，其核心任务就是要筛选出最适合特定的学习器的特征子集。这样做的好处是能够直接针对学习器来优化特征集，并且由于特征间的相关性，一般来说封装法相较于过滤式的算法训练出的模型效果更优。但Wrapper算法的缺陷是计算复杂度较高并且易发生过拟合的现象。此外，因为这一算法在特征筛选的环节中训练模型的次数要大于过滤式算法，所以所耗费的运算成本要远超过滤式算法。Wrapper算法还包含搜索候选特征子集的策略，如何在原始数据集中搜索一个最优特征子集属于NP-Hard问题。也有一些算法是专门针对这一问题而设计的，如利用遗传算法、禁忌搜索算法、模拟退火算法等启发式的搜索方法，就可以筛选出近似最优的特征子集，这样一方面可以得到令人满意的性能表现，另一方面又能够解决可能收敛到局部最优值的问题。

3）Embedded 算法

Embedded 算法属于嵌入法，这一算法先使用机器学习的模型和算法进行训练，获取各个特征的权重系数，并基于权重占比来筛选特征。这跟 Filter 算法的做法相近，不过该算法判断特征优劣是要基于训练环节的。Guyon 等人借助 SVM 的参数数据递归地筛选特征，设计出了 Embedded 模式的 SVM-RFE 算法，并被大部分基因表达分析领域的专家所认可。Embedded 算法对比 Wrapper 算法来说时间复杂度表现更优，但缺乏一定的泛化能力。

3.1.7 相关应用

1）在图像特征方面的应用

图像理解是机器学习理论的重要应用领域，特征工程自然在整个图像理解过程中占有举足轻重的地位。近年来，图像的整体场景处理虽然在综合性与复杂性上都远胜于一般图像处理任务，但其在各项研究和工程实践中均展现出了卓越的性能，因此成为当前图像领域研究中的焦点。

一般把图像特征提取方式分成三种：角点特征提取、线特征提取和面特征提取。角点邻域属于图像数据里稳定性最强的部分，它表现出了各种不变性，如旋转不变性、光照亮度不变性、空间不变性等。Mikolajczyk 等人分别提出 Harris-Laplacian 与 Harris-affine 角点检测；Moravec 提出基于灰度自相关函数计算各像素点相对邻域像素的相似性提取角点特征的方法；Freeman 等人提出基于链式编码平面曲线的方法。线特征指的是图像的边缘特征，而 Canny 算法就属于多级边缘检测算法。面特征则是图像数据里附带灰度强度相关性的像素点集，如纹理、灰度值等在一定程度上相似。Tuytelassrs 等人提出的基于密度极值区域（Intensity-extrema-Based Region，IBR）的算法等都是典型的区域特征提取方法。

特征表示通常包括直方图、区域特征、边缘特征以及基于包的表达等。比如 Swain 等人最先提出了颜色直方图表达；Dalal 等人采用与尺度特征不变描述子相似的局部归一化梯度方向直方图表示局部特征。区域特征表达如 Lowe 提出的 SIFT 描述子，其性能是公认的。

2）在文本特征方面的应用

文本特征的来源一般是各种网页论坛、网址等。第一阶段需要清洗文本，如消去 HTML 标签、进行大小写转换、转换编码、降噪等。词袋模型属于最基础的文本表示模型。杨杰明在传统文字表述模型的基础上，给出一种新的基于关键词的文本表示模型（KT-of-DOC）。

对分类器进行训练是分类文本工作里最关键的步骤，分类器的优劣甚至可以决定最终分类结果的好坏。研究员利用机器学习算法与模型，并糅合信息学与统计学等多学科原理构建了众多文本分类器。朴素贝叶斯分类器属于文本分类领域应用最多的一种分类器,这一分类器是基于统计学原理的机器学习方法实现的。朴素贝叶斯法有一个基本前提:各特征项必须保持统计学上的相互独立。通常我们称之为朴素贝叶斯假设,尽管这一假设在很多真实情况下无法满足,可确实能够在很大程度上优化算法的运算过程,使其在分类领域里远超其他算法。此外,还有基于决策树、感知器、K 近邻算法和支持向量机的文本分类器。

3）在其他大数据特征方面的应用

随着大数据时代的发展,数据的规模显现出了爆发式的增长,在巨大规模的数据中如何挖掘出关键而有效的信息,是特征工程的目的之一。国内外有大量学者利用特征工程处理各种数据。

曹雨萌利用基于极度梯度提升的 XGBoost 集成学习算法,研究机器学习信用评价模型的特征工程问题。徐浩然从机器学习算法应用、特征工程以及股市走向预测等三种角度,整理了这些领域近期的一些研究成果,此外还仔细对比了各类算法在实际场景中的优缺点。郑忠斌为了识别欺诈性贷款申请,提出了一种基于深度特征合成算法的自动特征工程方案。李泽魁对中文微博进行情感倾向性分析的特征工程进行了研究。聂卉为解决语料构建情感词典问题,构思出一种合理匹配算法,并寻找最优的情感分类算法,基于随机森林模型筛选出各类情感特征集来判断评论的效用价值。陈燕方对利用特征工程在大数据中检测网络谣言做出综述。刘雨亭通过数字信号的时域处理方法、频域处理方法以及时频域处理方法,提出了一种全新的局域内容的音乐数字特征提取方法,并利用该方法提取的音乐数字特征对样本集中的音乐进行分类。

3.2　分类学习

3.2.1　引言

“所谓分类,是人们把事物、事件以及有关世界的事实划分成类与种,使之各有归属,并确定它们的包含关系或排斥关系的过程。”——（法)爱弥尔·涂尔干《原始分类》。虽然在生活中我们都不喜欢被人贴标签、划分类别,可数据科研的基础恰恰就是为数据“贴标签”并以此划分类别。类型被划分得更为准确,相应的结果对于人们来说就有更大的价值。分类的训练过程一般是属于有监督的形式,分类过程中算法的任务其实就是将所有数据都一一划分进目标数据库中正确的已知类型里。

3.2.2　定义及原理

机器学习中,我们最容易碰到的案例即为分类问题(classification),而这一问题也很好理解,比如利用机器学习模型,把医院机构的病理监测数据划分到健康与患病两个类别中,这属于生物医学领域的二分类问题(即通过两种类型归类数据)。又比如当有邮件发送到我们的邮箱里时,所收到的邮件将被系统归类到正常邮件、垃圾邮件与广告邮件三个类别中,以上便属于多分类的场景(即通过多种类型归类数据)。

分类问题可以说是机器学习领域里最基本的问题，甚至于许多看似与分类并不相关的问题都能够由分类问题演化形成，并且分类问题也能反向演化成其他问题。例如，图像领域里的图像分割，对各像素点都归类一遍就能达到图像分割的要求，而换到分割自然场景的应用案例中，则只需判断某一像素点与房屋的从属关系即可进行分割，如若判断该像素属于房屋，就可以给它贴上"房子"的标签。

我们通常把在机器学习领域里完成分类任务的算法称为分类器(classifier)。如果要衡量分类器的优劣，那么必须要有相应的指标，一般情况下都会选择利用准确率(accuracy)来衡量分类器的效果。准确率是指被分类器归类到正确类别的样本个数与全部样本数的百分比。

对分类器进行基本介绍后，下一步就是具体研究数据本身了，通常我们所处理的数据被称为数据集(dataset)，而数据集一般又包括三个部分：(1)训练数据(training data)及标签；(2)验证数据(validation data)及标签；(3)测试数据(testing data)。此外特别声明，这三个部分都要保持相互独立，换句话说就是训练数据中的数据不能再出现在验证数据和测试数据中，验证数据尽量也不要出现在测试数据中，在分类器的训练环节必须额外关注这一要求。

接下来介绍分类器的训练，分类器训练一般包括三个环节：

第一个环节为借助训练数据与标签训练模型，类似于教育小孩了解什么是苹果的过程，通过让其反复观察各种样式的苹果图像和其他非苹果物体的图像(训练数据)，同时还要告诉他哪些图像是苹果，哪些不是，相当于训练数据的标签，通过这一连串的过程来引导小孩判断什么是苹果。

第二个环节即向模型中输入验证数据，将模型分类结果与验证数据的标签进行对比，由此来对模型的训练成果做出衡量。一般情况下我们是基于验证数据集来测试模型或算法的准确率等指标的。该过程便类似于学生经过了一定阶段的学习后，我们需要给他安排一次考试，以此来检验学习成果。在之前的例子中，我们可以给出一张智能手机的图像(在前面的学习环节，我们仅仅给小孩看过翻盖手机，也就是说验证数据中的样本应不同于训练数据中的样本，而该单个验证数据样本的标签就应是"不是苹果")，让小孩自行判断图像中的物体是否属于苹果，最后根据小孩给出的答案来对训练成果做出衡量。

第三个环节则是对机器学习模型的实际测试环节，当模型已经借助训练数据学习得足够好时，即已经在验证数据上达到了较高的指标要求，下一步便可把该模型应用于现实中，替换人力工作，而有时在一些科研项目中是没有这一环节的，因为若要对一个机器学习算法的优越性进行评价，仅仅借助第二环节中带标签的数据就能够满足需求，只有当算法广泛应用于现实生活中时，才能获取到更多的无标签数据来用机器去替换人力完成任务。这又类似于在小孩认识苹果之后，他就可以基本正确地分辨出哪些照片上的是苹果而哪些不是，从而可以从事对照片的分类工作，这样挑选苹果照片这一重要但又无聊的任务就能由小孩来完成。

以上介绍了最标准的拥有三类数据(训练、验证、测试)的情况，接下来继续对只含两部分数据的情况进行介绍。我们偶尔只能获取到训练数据(有标签)与测试数据(无标签),那么就必须手动地从训练集中抽取一定数据来充当验证集(该部分验证数据与正常的验证数据一样,跟分类器的训练环节无关)。一般来说,训练数据与验证数据按照7∶3的比例来划分数据占比,即要从原训练数据中抽取七成的带标签数据来充当新的训练集,而另外三成带标签数据则用来充当验证集。

但也有一些情况所持有的数据都带有标签,这种情况下通常也一样要按照7∶3的比例来划分训练数据和验证数据,并且要利用验证数据对算法在该数据集上的效果进行评价,进一步略去剩下的环节。

3.2.3 分类学习方法

1) 贝叶斯分类法

贝叶斯(Bayes)分类法是根据贝叶斯定理演化出来的统计学归类技巧。这一方法可以判断某特定元组对于某特定类的归属概率,以此来完成归类工作。贝叶斯公式如下所示:

$$P(B_i \mid A)=\frac{P(B_i)P(A \mid B_i)}{\sum_{j=1}^{n} P(B_j)P(A \mid B_j)} \tag{3-2-1}$$

式中:事件 B_i 发生的概率为 $P(B_i)$;在事件 B_i 发生的条件下事件 A 发生的概率为 $P(A|B_i)$;在事件 A 发生的条件下事件 B_i 发生的概率为 $P(B_i|A)$,$i=1,2,3,\cdots,n$。

(1) 朴素贝叶斯法

朴素贝叶斯法是根据贝叶斯定理以及各特征满足条件独立这一前提下的分类方法。其属于贝叶斯分类算法大类里最常见、最容易理解的分类算法,而分类算法的目的就是构造分类器。通过以上定理可知:

$$P(\text{Category}|\text{Document})=P(\text{Document}|\text{Category})\cdot P(\text{Category})/P(\text{Document})$$

现假设有一样本包含了 n 个特征(Feature),依次为 $F_1,F_2,\cdots,F_n$,并且给出了 m 个目标类型(Category)$C_1,C_2,\cdots,C_m$。贝叶斯分类器可以通过简单的运算得出可能性最大的类别,即得出该公式的最大值:

$$P(C|F_1,F_2,\cdots,F_n)=P(F_1,F_2,\cdots,F_n|C)\cdot P(C)/P(F_1,F_2,\cdots,F_n)$$

因为 $P(F_1, F_2, \cdots, F_n)$ 在其他任何分类看来都是不变的,能被省略掉,所以问题的关键便转变为求 $P(F_1,F_2,\cdots,F_n|C)\cdot P(C)$ 的最大值。朴素贝叶斯分类器在此基础上还进行了额外的展开,直接假设样本的全部特征都保持相互独立,由此可得出下述公式:

$$P(F_1,F_2,\cdots,F_n|C)\cdot P(C)=P(F_1|C)\cdot P(F_2|C)\cdot \cdots \cdot P(F_n|C)\cdot P(C)$$

以上计算式的右侧元素均能从初期的统计数据库里搜寻出,所以接下来就能够运算得到样本数据属于各类型的相应概率值,那么剩下的就只需要输出值最大的那个类型就可以了。尽管在实际应用场景里能满足“样本的全部特征都保持相互独立”的前提的时候并不多，但是它确实能够在很大程度上对运算流程进行优化。此外，还有学者经过实验证明这一假设仅仅能轻微地影响到最后模型输出的准确性。

(2) 朴素贝叶斯模型

朴素贝叶斯常用的三个模型有：

① 多项式模型：是最常用的模型，要求特征属于离散型数据，常用于文本分类；

② 伯努利模型：要求特征属于离散型数据，并且是布尔量，即 1 和 0，或者真与假；

③ 高斯模型：针对连续型数据特征的问题进行设计。

2) 决策树

决策树(decision tree)需要在能获取全部事件发生的概率值的前提下才能进行构建。在管理领域中，借助所构建的决策树对净现值期望不小于零的可能性大小(以概率值的形式呈现)进行计算，并以此对项目风险做出衡量，评价项目的可行性，这也属于基于图解法对概率论进行实际应用的一种案例。因为最后搭建出的分支结构与树的结构外形非常相似，所以称其为决策树。

机器学习领域里，决策树属于预测模型，其所表述的其实是对象属性与对象值二者所隐含的相互映射。决策树模型有着树形结构，而分类问题里，这种结构就体现出了根据数据特征对样本进行归类操作的具体模式，类似于是 if … then 条件判断的集合，又或者说是样本在特征空间跟类空间中所满足的特殊条件概率分布模型。该模型相较于其他模型的优点是有着更高的可读性，在运行效率上也超越了其他模型。在训练阶段能够基于训练集上的信息，根据最小化损失函数的优化思想来搭建整个决策树模型的框架。在应用阶段，则再针对新的数据集利用模型的输出结果来给样本归类。

因此通俗地讲，决策树的模型框架实际上仍属于树形结构，并且在模型中的各节点上都会进行一次属性判断，节点之下的分支则表示判断的结果并会把结果送去下一个节点接受下一次判断，最终的叶子节点就是最后的判断结果。此外，各节点所涵盖的样本点都是经过上一级节点的判断被输送过来的，所以决策树的根应将所有样本点都涵盖在内。每个节点中判断工作的任务就是要使每一个经过判断的子节点的“纯度”达到更高，也就是说经过判断的样本点应为相同类别或相似类别。所以研究的关键之一就在于可以借助什么样的技术对纯度进行量化，下面介绍决策树模型中比较经典的几种算法。

(1) ID3

ID3 算法的关键在于要在模型中每一节点上基于信息增益的大小来抽取数据，并借助递归思想来搭建树模型。它的具体步骤为：从根结点出发，求出节点里全部特征的信息增益，并从中截取有最大增益值的特征代表结点属性，再进一步根据此特征下的各种情况生成下一层节点；之后继续不断地递归循环这一过程，直至最后生成一整棵树的模型；这个递归流程会持续到全部特征的信息增益都在一个较低的阈值之下或找不到能被选择的特征时才结束。因此，ID3 就好比借助了极大似然法来构建整个树模型。

根据上面的介绍，ID3 算法在单次计算中，会基于目前的最优特征对样本进行归类，且进一步根据当前所选特征的全部情况来输出下一层节点。假设当前选择的特征包含了四类情况，在下一层，样本就会被分到四个节点中。此外，一旦使用了某特征来生成节点，那么在后面的节点判断过程中就会直接忽略掉该特征；除了上述这种数据分割模式，也有一些其他的分割模式，如二元切分法。这一方法在节点判断的时候只会把样本一分为二，也就是说每个节点的子节点数目是固定的。在这种方法中，只要样本的某一属性满足节点的判断条件，即把该样本送至左子树，剩下不满足条件的样本则全部送至右子树。

此外，我们可以发现：ID3 算法仍然存在一些缺陷，即无法在不借助其他技术的情况下输出连续型数据。除非人为地先将特征的表现形式标准化或离散型，否则就不能以 ID3 来构建模型，令人遗憾的是，一般转换特征数据形式的操作都会在一定程度上损害连续型数据附带的信息。在这种情况下，就可以使用刚刚介绍的二元切分法，我们可以直接设定一个阈值，样本值在阈值以上的就传给左子树，剩下的样本就传给右子树。另外，二元切分法还对模型搭建的时间复杂度进行了优化。

总结 ID3 算法的缺点如下：

① 能对连续数据进行处理，但只能通过连续数据离散化进行处理；

② 利用信息增益进行数据分割很可能偏向取值较多的特征，准确度低于信息增益率；

③ 缺失值不好处理；

④ 没有采用剪枝的方法，决策树的结构可能过于复杂，出现过拟合。也就是说，ID3 是单变量决策树（在节点内仅对单个属性进行判断），难以描述一些更加复杂的定义，另一方面也缺失了对特征之间映射联系的关注度，很可能搭建出有重复子节点的树结构，或者说并不止一个节点对同一个属性进行了判断，而这恰恰是 ID3 算法倾向于选择属性值较多的特征的原因。

（2）C4.5

C4.5 算法是由 Quilan 专门为了解决 ID3 算法的一些缺陷而提出的，C4.5 算法借助信息增益率筛选特征，若要仔细追究起来，C4.5 也算是在 ID3 基础上发展出来的算法。

C4.5 算法在保留了原来 ID3 优点的同时，还从下述几方面克服了 ID3 的缺点：

① 在筛选特征的环节将原来的信息增益进一步转换为信息增益率，以此消除了原来算法在筛选属性时对可能值较少的属性的歧视；

② 可以实现对连续属性的离散化处理；

③ 在构造树的过程中进行剪枝处理；

④ 能够对不完整数据进行处理。

总结 C4.5 算法的优点如下：不仅派生出的分类方法方便掌握，而且其算法结果的准确率也能令人满意。但仍有一些缺陷：即在通过训练来搭建模型时，必须在整个数据集范围内采取若干回顺序扫描或排序操作，使得模型的训练时间过长。而且，C4.5 的设计仅仅考虑了能被保存在内存中的数据，一旦数据集的规模超过了内存存储量，算法大概率会直接崩溃。

（3）分类与回归树

分类与回归树（Classification and Regression Tree，CART）算法根据基尼系数对节点分类的纯度进行了量化，并据此来搭建决策树的模型结构，它既可以作为分类算法，也可以做回归。也就是说，CART 算法用基尼系数增长率充当节点中判断特征性能好坏的指标，在这一过程中，CART 算法将基于拥有最大基尼系数增长率的特征来进行下一步的特征归类。

CART 算法是由 Breiman 等人最先设计的，而现在已广泛应用于数据挖掘与统计领域。其学习判断规则所采用的方法与经典统计学可以说是背道而驰的，它借助二叉树的思想来构建模型，方便解释、应用与学习。由这一算法搭建出的模型通常精确率都要超过基于经典统计理论设计的代数预测模型，并且数据规模越大、信息越复杂，CART 算法搭建的模型相较于其他模型的优势也就越明显。

CART 算法的优点如下：

① 能生成可以理解的规则；

② 计算量相对来说不是很大；

③ 可以同时处理连续与类别字段；

④ 能够鲜明地显示各个字段的重要性。

CART 算法的缺点如下：

① 依然难以预测连续性的字段；

② 必须针对带有时序信息的数据进行预处理操作；

③ 当类别太多时，错误可能会增加得比较快；

④ 通常使用该算法进行分类时，仅仅基于单个字段进行分类。

3）支持向量机

由 V. N. Vapnik 等人开创的统计学习理论属于专精的小样本理论，该理论有着严谨的推导过程，并且理论基础十分扎实，而根据该理论设计的支持向量机（Support Vector Machines，SVM）模型，恰恰给了人们解决数据的非线性建模问题新的启发。SVM 模型作为具有严谨理论基础的机器学习算法，已经在判断预测、计算智能、模式识别、机器学习等领域大放异彩，并被全世界各界专家所青睐。

（1）支持向量机方法的基本思想

SVM 模型的中心思想其实很简单：先借助模型生成对分类工作来说最优的线性超平面来分割样本点，同时将生成最优线性超平面的算法的任务简化成求解凸规划的问题；然后再通过 Mercer 核展开定理，基于一个非线性映射 φ，在某高维甚至无穷维的特征空间（Hilbert 空间）上投影原来的样本空间。经过以上的过程，在投影后的空间中就能够借助线性分类器算法来求解在原空间里具有高度非线性的回归或分类问题。

换句话解释，SVM 的核心工作就是对样本集升维以及线性化。对样本进行升维即把原数据投影到高维空间的操作，通常升维操作都会提高运算过程的复杂程度，最坏的情况下还会发生“维数灾难”，因此人们在传统的算法中几乎不会对样本集进行升维。但对于回归、分类等问题，当碰到仅仅在样本空间中用线性方法处理不了的任务时，也许能够从更高维的空间借助线性超平面来处理样本数据。因此，可以说 SVM 模型的线性化是通过对样本集升维，并减少其非线性来实现的。尽管在高维空间里求出的结果也只是高维线性解，但是却能与原低维空间里的非线性解建立相互联系。

通常来说，虽然升维会使运算过程变得极其烦琐，但在 SVM 模型中却不会遇到这种问题。首先，对核函数展开定理的利用，使得根本无须对非线性映射的显性表达式进行求解；其次，SVM 模型所构建的学习模型所处纬度同样在高维空间，因此相比于普通的线性模型，SVM 模型不仅不会提高运算过程的烦琐程度，而且会在一定程度上使模型免受“维数灾难”的影响。而这些开创性的进展都是得益于核函数展开与运算理论。所以通常也认为 SVM 模型属于基于核的方法，而核方法领域较之于 SVM 则是要宽泛且深远得多。

（2）支持向量机方法的优点

SVM 方法一般不会包含概率测度的概念和大数定律等，所以它相较于经典的统计模型来说，在以下几方面有明显优势：

① 只通过少数支持向量就可以得出模型最终的判断函数，而其运算过程的烦琐程度仅取决于支持向量的个数，而不是所在空间的维度，从一定程度上来讲这恰恰使模型免受“维数灾难”的影响。

② 模型的输出仅基于少数支持向量来得出，这一方面能够去掉多数的冗余数据，并提取出关键信息，另一方面保证了 SVM 模型仅仅凭借较低复杂度的算法就可以获取令人满意的鲁棒性。

③ SVM 模型有着极其严谨且扎实的统计理论基础，基于 SVM 模型发展出的一些方法或技术都能具备很强的泛化能力，且基于 SVM 模型的算法一般都能够直接计算出其泛化能力的具体范围，而其他的学习算法都无法实现这一功能。

④ 通常来说，人工的调整越少，算法所搭建的模型就越客观。相较于传统算法而言，SVM 模型搭建的过程中，人为的先验干预需求要远低于传统算法。

4）KNN

想要实现分类器功能，最基本的做法就是命令机器将所有训练样本与其相应的分类标签都强行保存，只要测试样本的特征能够完全配对上任何一个训练样本的特征，该测试样本便可以划分入该类中。但并不是每个测试样本都可以配对上相应的训练样本的，此外，有时候某一测试样本的特征可能配对上若干个训练样本的特征，此时该样本就将被同时归于若干个类别。为了解决这些问题，一些研究者就设计出了 KNN 算法。

KNN 算法基于各样本点间的距离来判断类别。其基本原理是：假设某个样本在其特征空间里拥有 k 个几乎都是同一类型的邻近样本，那么此样本所属的类型也应与这些相邻的样本相同，而且其特征也应与该类型的样本相同。也就是说，这种算法的归类判断原则是基于邻近的若干样本的类别来决定当前样本的分类。这里，k 通常是不大于 20 的整数。

由上述介绍我们知道，在 KNN 算法里，模型借助特征空间中样本点间的距离来判断样本的类型，而这里所说的样本点间的距离通常采用欧氏距离与曼哈顿距离。两种距离的计算公式分别如下：

$$\text{欧氏距离：} d(x,y)=\sqrt{\sum_{k=1}^{n}(x_k-y_k)^2}$$

$$\text{曼哈顿距离：} d(x,y)=\sqrt{\sum_{k=1}^{n}\left|x_k-y_k\right|}$$

KNN 算法将 k 个样本里最优的分类作为判断输出，而非仅仅考虑单个样本的类型。

下面再强调一下 KNN 算法的思想：当训练集已经包含了数据及其类型标签时，把相应测试样本的属性跟训练集里已知的属性进行匹配，并筛选出匹配程度最高的前 k 个样本，这 k 个样本中所占比例最高的类型即为当前样本对应的类型，其算法的逻辑可以分列如下：

① 计算测试数据与各个训练数据之间的距离；

② 按照距离的递增关系进行排序；

③ 选取距离最小的 k 个样本；

④ 计算前 k 个样本所在类别的出现频率；

⑤ 输出前 k 个样本中占比最高的分类，并将其作为当前样本的类别判断结果。

5）逻辑回归

逻辑回归一般通过 Sigmoid 函数变换线性回归的输出结果以返回概率值，所得到的概率值可以投影出若干个离散类。比如已知考生的考试分数，逻辑回归能够基于考试分数判断考生是否通过考试。所以说，这种预测结果是属于离散型的（只包括了确定的类别或值）。

Sigmoid 函数的数学公式如下：

$$g(x)=\frac{1}{1+e^{-x}}$$

将 Sigmoid 函数表示在平面坐标轴上，如图 3-2-1 所示。

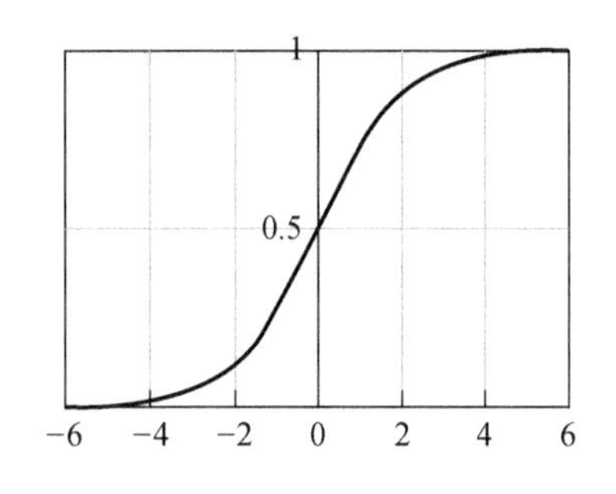

图 3-2-1　Sigmoid 函数

这个 Sigmoid 函数可以将线性的值，映射到[0，1]这个范围中。如果映射结果小于 0.5，则认为是负的样本；如果是大于 0.5，则认为是正的样本。

假设要对邮箱进行分类，将其分为正常邮箱与垃圾邮箱。当 Sigmoid 函数的结果小于 0.5 时，就认为是垃圾邮箱；当结果大于 0.5 时，是正常邮箱。

3.2.4　相关应用

1）市民公共交通出行预测。根据大量的公共交通信息数据，建立市民选择公共交通出行的行为逻辑，并对市民所选出行线路进行建模，预测市民的出行选择，尝试基于广东省若干公交线路上的历史交易信息进行解析，对固定人群的公共交通选择进行模式识别，并使模型输出各类市民的通勤偏好或习惯，并对市民在未来一周内可能的出行方式与路线选择进行预测，帮助市民建立安全舒适、信息对称的通勤环境，在大数据时代借助信息构建未来城市智慧出行。

2）基于运营商数据的个人征信评估。网络服务运营商有着庞大的客户群体，长期以来获取了海量的用户信息数据，如通信信息、位置信息、消费信息、终端信息等。实名制政策的颁布确保了用户信息可以配对上用户的真实身份，且客观地映射了用户的个人行为。而日益发达的基础网络设施更是使得运营商可以实时获取海量的用户信息，而所获取的信息也恰恰隐含着用户群体的各种属性与信息。我国的个人征信评价一般都是直接借助央行的公民个人征信报告来衡量的，可是也有许多人并未在央行留有征信信息，这种情况下金融机构要获取此类人员的征信信息将是十分困难的，因此传统的征信评价方法并不能很好地满足现在日益增长的新兴需求。而相较于其他大数据行业，金融大数据业务无疑对信息的真实性与实时性有着更高的需求，这恰恰是网络服务商所累积的用户数据隐含的价值。我们一般希望可以借助运营商的用户信息数据，对公民的征信做出准确的评价。

3）商品图像分类。淘宝网站上存储了数据规模巨大的商品图像，“找同款”“扫描购物”这类功能的实现需要将用户输入的图像划分到不同的类别。可以将商品所抽取出的图像特征，进一步输送给推荐、广告等系统，以此提高广告推送系统的效率。在这一应用上，我们期望可以借助对图像信息的学习来对用户输入的商品图像进行归类。

4）广告点击行为预测。当用户上网冲浪时，很大概率会碰到广告推送，并且可能还会有点击广告链接的行为。可以通过预测用户可能会点击的广告链接，进一步辅助广告商优化广告推送的方式与频率等，以此来提高广告的投入回报率。例如，可以根据一百万名随机用户在半年内被推送的广告与浏览信息（包括广告监测点数据），对某一用户在八天的时间范围内可能浏览的链接或点击的广告进行预测。

5）基于文本内容的垃圾短信识别。随着网络的发展，垃圾短信已经成为令运营商越来越头疼的问题，这不仅事关每个人的个人信息及财产安全，而且严重损害到运营商的社会形象，影响到人们的正常生活，甚至对社会的稳定也产生了一定的危害。许多违法人员利用五花八门的技术手法转换着垃圾短信的载体和形式，并且在整个社会范围内到处散播垃圾短信，传统基于关键词、策略等的信息过滤算法起到的作用不大，仍然有许多垃圾短信成了漏网之鱼，被输送到用户的手机终端。我们期望能根据手机信息的文本内容，利用数据挖掘与机器学习模型来智能判别垃圾短信，甚至是变换表面形式后的垃圾短信。

6）汉语语句类别精准分析。精准的语义分析属于大数据的必备技术，在分析语句时，即使包含类似的关键词，不同的语句类别所表达的含义仍有很大差别，在情感判断中这一情况尤其明显。通常希望基于新闻或微博等文本数据，对其中的语句类别进行预测。

7）国家电网客户用电异常行为分析。随着社会经济的发展，我们的社会用电量逐年增加，不少人因为被利益所诱，走上了违法窃电的道路。窃电行为在使供电企业受到重大经济损失的同时，还严重破坏了正常的供用电秩序。据国家电网公司统计数据显示，近年因窃电导致的损失达上千万元。而现在的窃电方式也从以前的野蛮窃电发展到了手段专业化、设备智能化、实施规模化、行为隐蔽化的高科技窃电，这无疑给反窃电工作增加了很大的难度。而随着智能电力设备的普及与电力系统的更新，国家电网公司能够实时获取海量的电力设备监测数据以及用户用电行为数据，希望能够借助大数据分析技术，科学地进行防窃电监测分析工作，以此提高反窃电工作效率，并使窃电行为分析工作各方面的成本得到降低。

8）自动驾驶场景中的交通标志检测。在这一领域里，交通标志的识别与检测对于周围行车环境的判断起着极为关键的作用。如根据实时检测限速交通标志来给出目前车辆行驶速率的阈值;此外,在高精度地图中加入交通提醒标志同样能够极大地辅助自动驾驶任务。交通标志的检测是一项艰巨的任务,精确的检测对后续识别、辅助定位导航起着决定性的作用。交通标志的种类众多,角度、大小不一,想要做到准确检测是一件很难的事情,更何况在实际行车环境中,光照、天气等因素都会使得检测交通标志的难度更上一层。希望可以基于真实场景下的图像数据,训练出可以真正应用在现实自动驾驶中的识别模型。

9）基于视角的领域情感分析。情感分析是网络舆情分析中的重要技术,而基于视角的领域情感分析又可以说是将情感分析应用在特定领域中的关键技术。当我们通过语句进行情感分析时,以不同的视角评判同一个语句,其情感倾向判断结果显然会有差别。我们判断某一语句,如果该语句中包含某一相关视角的关键字,那么就要针对该视角进行情感分析;如果该语句中涵盖了数个相关视角关键字,那么就要针对不同的视角进行独立的情感分析;如果该语句中不包含相关视角,那么可以不做情感判别处理。

10）监控场景下的行人精细化识别。随着平安中国、平安城市的提出,视频监控逐渐出现在生活中的方方面面,这无疑能帮助社会维护治安稳定;但是我们也会面临这样一个问题,当发生紧急事件后,海量的视频监控流使得我们必须耗费许多人力物力去搜索对我们来说有效的信息。而行人是视频监控中的关键目标之一,若是可以有效地识别行人的外观,不仅可以大大提高视频监控工作人员的工作效率,而且对行人行为解析、视频的检测也有着重要意义。我们一般希望可以根据监控场景下多张带有标注信息的行人图像,基于行人图像区域分割(如头部、上身、下身、脚、帽子、包等区域)研究行人精细化识别算法,对行人图像中行人的属性特征进行自动识别。注意这里标注的行人属性包括上下身衣着、头发长度、性别、鞋子和包的种类与颜色,此外还给出图像中行人头部、上下身、脚、包与帽子位置的标注。

11）用户评分预测。目前各大电子商务网站的一项必备服务就是个性化推荐。适当的推荐不仅能够令商家的产品销量得到提高,而且可以给顾客提供优质快速的购物体验。推荐系统发展至今,目前已经存在很多十分优越的推荐算法,这些算法从不同的方面为电子商务大厦添砖加瓦。迄今为止,不少研究表明,用户在短期内会浏览类似的商品,但其兴趣也许会随时间的推移而渐渐发生变化。我们通常希望借助带时间标记的用户打分数据来训练模型,从而准确地预测用户对其他商品的具体评价情况。

12）猫狗识别大战。有人认为,猫与狗有上千年历史的敌对关系,主要是由于在长期进化过程中,二者必须对生存资源进行抢夺,进而导致了两种生物间的残酷竞争;但也有人认为,这是因为它们天生的交流方式不同;而现今的猫狗大战由机器学习赋予了新的含义,我们希望从训练集中可以建立一种能够区分出猫与狗的模型。

13）客户流失率预测。在经过几年的高速发展后,我国的移动通信行业发展速度逐渐放缓。注册用户量经常处于这样一种动态变化的状态:在不断有老客户离网的同时,又不断有新客户入网,而大量的老客户离网与新用户的出现使得移动通信公司无法快速向前发展。移动通信公司希望建立客户流失模型,对新老客户进行分类。

3.3 深度学习

3.3.1 简介

深度学习(Deep Learning, DL)属于机器学习门类下的独立分支,它出自机器学习又在此基础上有了较大的提升。深度学习的兴起也极大地推动了人工智能的发展,其动机在于建立模拟人脑进行分析学习的神经网络。深度学习通过组合低层特征形成更加抽象的高层表示属性类别或特征,以发现数据的分布式特征表示。

1981年的诺贝尔医学奖得主分别是:David Hubel、Torsten Wiesel和Roger Sperry。前两位研究者的主要贡献是发现了人视觉系统的分级信息处理方式。人的视觉系统从视网膜出发,经过低级的V_1区提取图像边缘特征,再到V_2区获取基本形状或做目标的局部判断,之后到高层V_4的整体目标判断(如判定为一张人脸),最后再到更高层的前额叶皮层进行分类判断等。换句话讲,在人体视觉系统中,高层的特征是低层特征的组合,低层到高层的特征表达将越来越抽象与概念化。而深度学习,恰恰就是通过组合低层特征形成更加抽象的高层特征(或属性类别)。例如在计算机视觉领域,深度学习算法借助原始图像去学习获得一个低层次的表达,如小波滤波器、边缘检测器等,然后基于这些低层次的表达,通过线性或者非线性组合来输出更高层次的表达。

深度学习是相对于简单学习而言的,目前多数回归、分类等学习算法仅仅算是简单学习或是浅层结构,而浅层结构通常只包含1层或2层的非线性特征转换层,典型的浅层结构有支持向量机(SVM)、条件随机域(CRF)、逻辑回归(LR)、最大熵模型(MEM)、隐马尔可夫模型(HMM)、高斯混合模型(GMM)。浅层结构学习模型的共同之处是采用一层简单结构把原始输入信号或特征转换到特定问题的特征空间中。但由于浅层模型的局限性,其仅能有限地表示复杂函数,当碰到复杂分类问题时,其泛化能力就会受到制约,难以应对一些更加复杂的自然信号处理问题,如人类语音或自然图像等。但深度学习能够借助深层非线性网络结构来表征输入数据,进而能够对复杂函数实现逼近,而且还展示出了强大的从少数样本集中学习数据集本质特征的能力。

3.3.2 深度学习模型介绍

1) 多层感知机(MLP)

人们很早就开始对神经网络投入研究,最开始,McCulloch和Pitts于1943年提出第一代人工网络——MP神经元模型,它可以处理二进制问题,现在所流行的是第二代神经网络——人工神经网络(ANN)。神经网络现已发展为一个非常庞大、多学科交叉的学科领域。多层神经网络模型指的是由多个简单神经元模型广泛并行连接所形成的网络,其组织结构可以模拟生物神经系统并对真实世界物体做出交互反应。该模型里,当神经元接收到来自其他神经元的输入信号时,就会借助带权重的连接(weighted layer)将这些输入信号进行传递,神经元接收到的总输入值将与神经元的阈值(threshold)相对比,最后借由激活函数(activation function)的处理进行输出。

(1) 感知机模型(perceptron)

若有输入空间为 $X\subseteq\mathbf{R}^n$，输出空间为 $Y=\{1,-1\}$。输入 $\boldsymbol{x}\in X$ 代表实例的特征向量，其也与输入空间中的点相对应；输出 $\boldsymbol{y}\in Y$ 则代表实例的类别，从输入空间到输出空间的映射函数如下：

$$f(x)=\text{sign}(\boldsymbol{w}\cdot\boldsymbol{x}+b) \tag{3-3-1}$$

以上所述模型就是我们所说的感知机模型。其中 $\boldsymbol{w}$ 和 b 为感知机模型的参数，分别是权值向量和偏置(阈值)，sign(·)是符号函数。

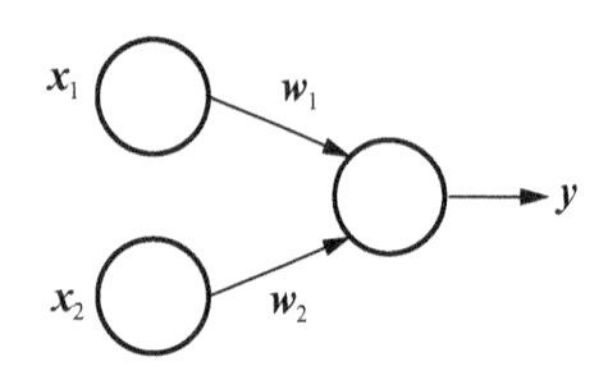

图 3-3-1　感知机网络结构模型

感知机一般由两层神经元组成，可以进行简单的逻辑运算，如“与”“或”“非”运算。两个输入神经元的感知机网络结构模型如图 3-3-1 所示。当 $\boldsymbol{w}_1=\boldsymbol{w}_2=1,b=-2$ 时，$f(\boldsymbol{x}_1,\boldsymbol{x}_2)=\text{sign}(1\cdot\boldsymbol{x}_1+1\cdot\boldsymbol{x}_2-2)$，仅在 $\boldsymbol{x}_1=\boldsymbol{x}_2=1$ 时，$\boldsymbol{y}=1$，感知机模型 $f(x)$完成了“与”运算($\boldsymbol{x}_1\wedge\boldsymbol{x}_2$)；当 $\boldsymbol{w}_1=\boldsymbol{w}_2=1,b=-0.5$ 时，$f(\boldsymbol{x}_1,\boldsymbol{x}_2)=\text{sign}(1\cdot\boldsymbol{x}_1+1\cdot\boldsymbol{x}_2-0.5)$，在$\boldsymbol{x}_1=1$ 或 $\boldsymbol{x}_2=1$ 时，$\boldsymbol{y}=1$，感知机模型 $f(\boldsymbol{x})$完成了“或”运算($\boldsymbol{x}_1\vee\boldsymbol{x}_2$)；当 $\boldsymbol{w}_1=-0.6,\boldsymbol{w}_2=0,b=0.5$ 时，$f(\boldsymbol{x}_1,\boldsymbol{x}_2)=\text{sign}(-0.6\cdot\boldsymbol{x}_1+0\cdot\boldsymbol{x}_2+0.5)$，在 $\boldsymbol{x}_1=1$ 时，$\boldsymbol{y}=0$，在 $\boldsymbol{x}_1=0$ 时，$\boldsymbol{y}=1$，感知机模型 $f(x)$完成了“非”运算($\overline{\boldsymbol{x}_1}$)。

仅仅包含两层神经元的感知机模型学习功能非常有限，当遇到“异或”这类简单的非线性问题时，该模型将不再适用。为了处理这种非线性可分问题，我们可以考虑使用多层感知机模型。多层感知机属于线性分类模型，属于判别模型。感知机的几何意义可以看作在一组数据组成的训练集中，通过学习寻找最优的 $\boldsymbol{w}$ 和 b 来使得由这两个参数所确定的超平面将训练数据正确分为两类。图 3-3-2 介绍了非常常见的多层前馈神经网络，其层级结构特点为每层神经元与下一层神经元进行全连接，神经元之前不允许同层连接，同时也不存在跨层连接。

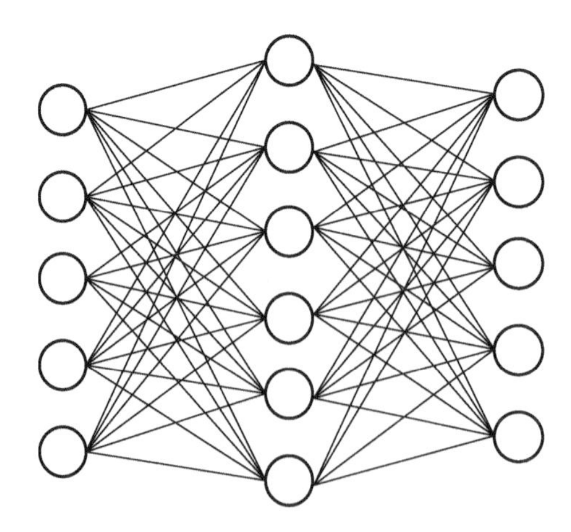
图 3-3-2　多层前馈神经网络的模型结构

(2) 感知机的学习策略

我们先对感知机算法常用的损失函数进行定义，设各误分类点到超平面 s 的距离之和为：

$$L(\boldsymbol{w}, b)=\frac{1}{\|\boldsymbol{w}\|}\sum_{x_i \in M}|\boldsymbol{w}\cdot\boldsymbol{x}_i+b| \tag{3-3-2}$$

式中：M 表示误分类点的集合；$\boldsymbol{x}_i$ 表示误分类点的特征向量。

对于误分类的点，感知机得到的结构与真实的结构符号相反：

$$-\boldsymbol{y}_i(\boldsymbol{w}\cdot\boldsymbol{x}_i+b)>0$$

式中：$\boldsymbol{y}_i$ 表示误分类点的类别标签。

则式(3-3-2)可更改为：

$$L(\boldsymbol{w}, b)=-\frac{1}{\|\boldsymbol{w}\|}\sum_{x_i \in M}\boldsymbol{y}_i(\boldsymbol{w}\cdot\boldsymbol{x}_i+b)$$

又由于 $\boldsymbol{w}$ 和 b 的值同比增大和减少不会改变超平面的性质，故上式可简化为：

$$L(\boldsymbol{w}, b)=-\sum_{x_i \in M}\boldsymbol{y}_i(\boldsymbol{w}\cdot\boldsymbol{x}_i+b) \tag{3-3-3}$$

式中：M 为所有错误分类点的集合。依据错误驱动的思想，对于由所有错误分类点集合构成的数据集，利用随机梯度下降对参数 $\boldsymbol{w}$、b 进行更新。

2) 卷积神经网络(CNN)

卷积神经网络(Convolutional Neural Networks，CNN)属于包含卷积计算且具有深度结构的前馈神经网络，可以说是深度学习的代表性算法之一。卷积神经网络的表征学习能力可以使它按其阶层结构对输入数据进行平移不变分类，因此也被称为“平移不变人工神经网络(Shift-Invariant Artificial Neural Networks，SIANN)”。卷积神经网络主要由输入层、卷积层、ReLU 层、池化层和全连接层(全连接层和常规神经网络中的一样)这几类层构成。将这些层叠加起来，就可以构建一个完整的卷积神经网络。在实际应用中往往将卷积层与 ReLU 层统称为卷积层，卷积层需要通过激活函数来进行卷积操作。具体说来，卷积层(CONV)和全连接层(FC)对输入执行变换操作的时候，不仅会用到激活函数，还会用到很多参数，如神经元的权值 $\boldsymbol{w}$ 和偏差 b；而 ReLU 层和池化层进行的则是一个固定不变的函数操作。卷积层和全连接层中的参数会随着梯度下降被训练，这样卷积神经网络计算出来的分类评分和训练集中的每个图像的标签相吻合。

基于全连接网络的稠密连接方式会导致网络参数量大、计算代价高等问题，卷积神经网络采用了局部区域连接的办法。该连接空间的大小被称为感受野(receptive field)，其尺寸是一个超参数(其实就是卷积核的空间尺寸)，如图 3-3-3 深色区域所示。感受野能够代表每个像素相对于中心像素的重要程度分布状况，其仅关注与自己距离较近的部分节点，同时忽略距离较远的节点。

卷积层中的权值共享可以用来控制参数的数量。假设在一个卷积核中，每个感受野都采取不同的权值(卷积核的值不同)，网络中的参数数量将达到十分巨大的规模。权值共享则是根据这样的一个假设：如果某一特征在计算一个空间位置(x_1, y_1)时有用，那么它在计算另一个空间位置 (x_2, y_2)时同样可以起作用。基于上述的假设，我们能够明显地减少参数数量。当 CNN 网络工作时，卷积核会不断输入特征进行卷积，卷积过程如图 3-3-3 所示。

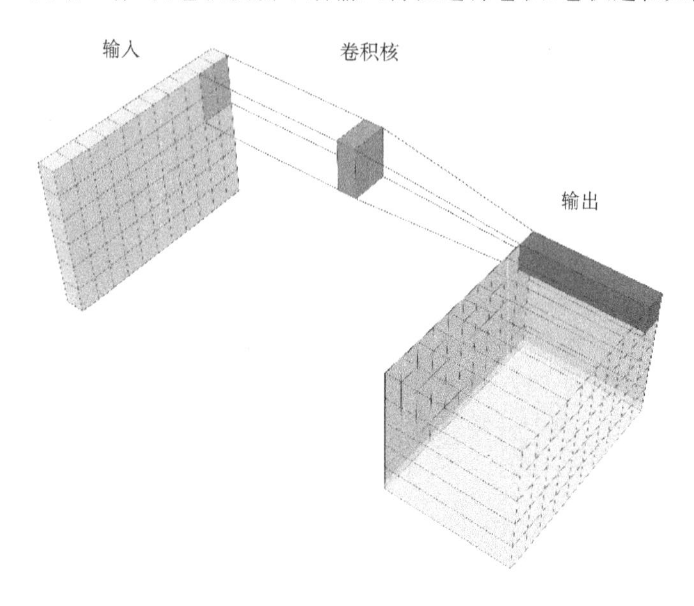

图 3-3-3　卷积神经网络通过卷积核得到输出

首先假设有一个尺寸为 6 像素×6 像素的图像，并且在每个像素点中都存入了图像数据。此时我们另外定义一个 3 像素×3 像素的卷积核(相当于权重)，用以在图像里提取所需特征。卷积核与数字矩阵中相对的位相乘然后相加，由此得出卷积层输出结果，图 3-3-4 展示了卷积层运算过程。

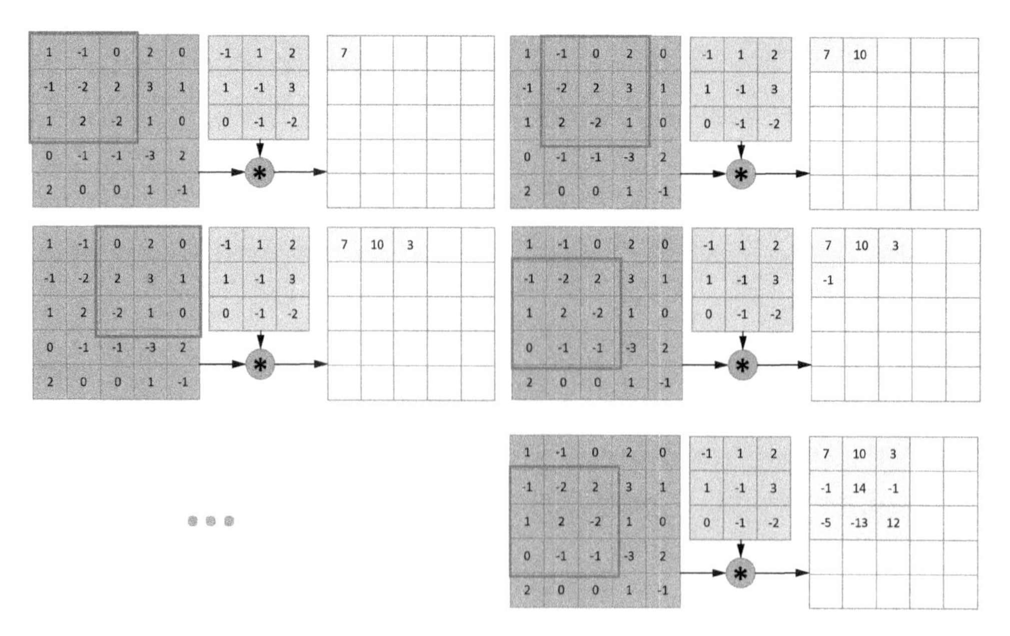

图 3-3-4　卷积层运算过程

在最开始，神经网络其实并不知道要识别的部分包含有什么样的特征，但通过把基于各种卷积核相作用得到的输出值进行比较，就可以做出哪个卷积核最能表现该图片特征的决策，就好比我们需识别图像中的某一特征，如曲线特征，即这个卷积核要对这种曲线能有较高的响应，但对其他任何形状（如三角形）的响应较低。卷积层输出值越高，匹配程度也就越高，越能体现出该图片的特征。

3）循环神经网络

循环神经网络（Recurrent Neural Network，RNN），是一类以序列数据为输入，在序列的演进方向进行递归且所有节点按链式连接的递归神经网络。循环神经网络具有记忆性、能共享参数并且图灵完备，因此在对序列的非线性特征进行学习时具有一定优势。

循环神经网络的关键核心是一个有向图。有向图展开中以链式结构进行连接的部分被称为循环单元。循环单元如图 3-3-5 所示。

将其按时间线展开，网络结构如图 3-3-6 所示，其中 h_t 和 o_t 的表达式如下：

$$h_t = \tanh(W \cdot h_{t-1} + U \cdot x_t + b)$$

$$o_t = V \cdot h_t + c$$

式中：W、V、U 是权重；b、c 是偏置。

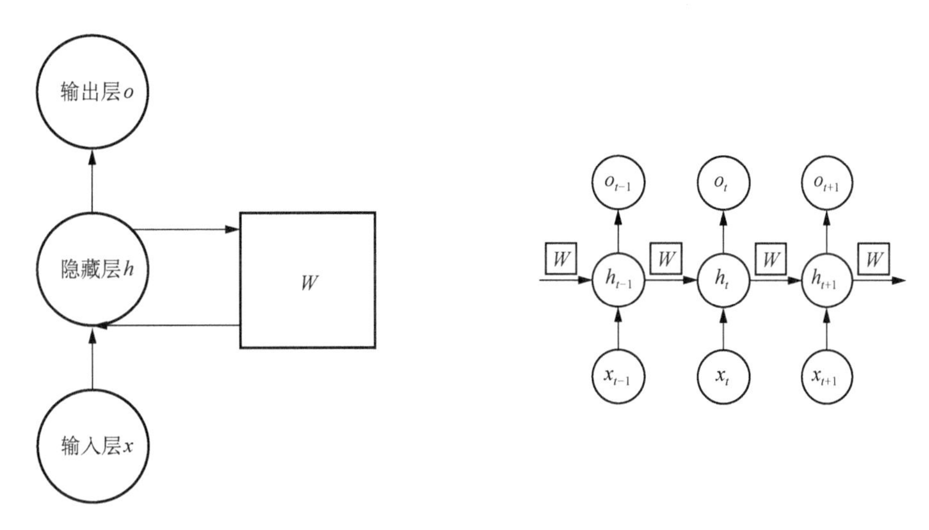

图 3-3-5　循环单元

图 3-3-6　按时间线展开的循环单元

循环神经网络的常见变种包括长短时记忆网络（Long-Short Term Memory，LSTM）与双向循环神经网络（Bidirectional RNN，Bi-RNN）等。双向循环神经网络将两层循环神经网络以级联形式进行连接，其中第一级将输入数据正向输入，而第二级则将输入数据反向输入，从而对当前时刻的输入做到既考虑之前时刻又考虑之后时刻，提高输出数据的可靠性。

长短时记忆网络是专门被设计出来解决一般循环神经网络存在的长期依赖问题的。长短时记忆网络由四部分组成：输入门、输出门、遗忘门和记忆单元。输入门决定外界能否将数据写入记忆单元；输出门决定外界能否从记忆单元读取数据；遗忘门决定什么时候将记忆单元中的数据清除;记忆单元用于存储数据。相对于一般循环神经网络,长短时记忆网络最大的优势在于遗忘门,它具备较长时间的记忆能力。

长短时记忆网络的隐藏层结构如图 3-3-7 所示。

$$f_t=\sigma(W_{xf}x_t+W_{hf}h_{t-1}+b_i)$$

$$i_t=\sigma(W_{xi}x_t+W_{hi}h_{t-1}+b_i)$$

$$c_t=f_tc_{t-1}+i_t\tanh(W_{xc}x_t+W_{hc}h_{t-1}+b_c)$$

$$o_t=\sigma(W_{xo}x_t+W_{ho}h_{t-1}+b_o)$$

$$h_t=o_t\tanh(c_t)$$

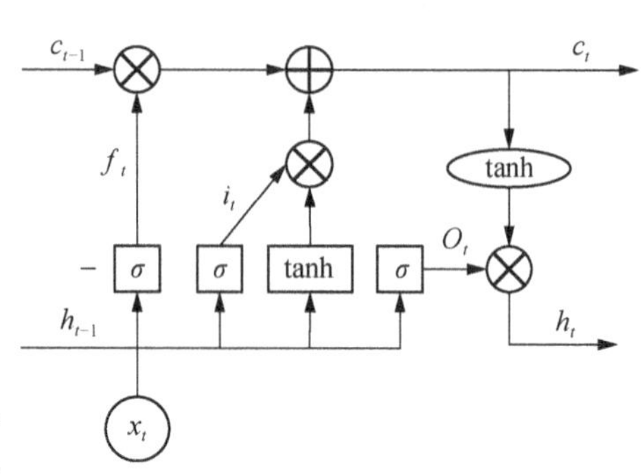

图 3-3-7　LSTM 单元

式中:f_t、i_t、c_t、o_t、h_t 分别表示遗忘门输出、输入门输出、神经元状态、输出门输出、隐藏层输出;σ 表示 sigmoid 函数;W_{mn} 表示从 m 到 n 的权重,如 W_{xf} 表示从 x 到 f 的权重;b_k 表示到 k 的偏置,如 b_i 表示到 i 的偏置。

门控循环单元(Gated Recurrent Unit, GRU)属于长短时记忆网络的一个重要变种。GRU 使用更新门代替 LSTM 的遗忘门和输入门,并加上重置门,将神经元状态 c_t 和隐藏层输出 h_t 合并。这里面,更新门主要功能是控制上一时刻的状态信息被带入当前状态的程度,更新门的值越大,就代表上一时刻的状态信息被带入当前状态的程度越大。LSTM 相较于 GRU 多出一个门函数,因此参数数量也比 GRU 更多,所以 GRU 的综合训练速度是要快于 LSTM 的。另外,和一般循环神经网络相同,将正反向输入的两层 LSTM、GRU 级联,即构成双向 LSTM(Bidirectional LSTM, Bi-LSTM)和双向 GRU(Bidirectional GRU, Bi-GRU)。

4) 自动编码器

自动编码器(AutoEncoder)也属于神经网络的一种,并且它和其他的网络一样包括输入层、隐藏层和输出层。与传统的神经网络相比,自动编码器的唯一特点就在于输入层神经元数与输出层神经元数相等,同时也能保证输入和输出相等。该网络可以理解为有两个组成部分:一组编码器函数 $h=f(x)$ 与一组进行生成重构处理的解码器函数 $y=g(h)$。图 3-3-8 介绍了自动编码器的网络结构。

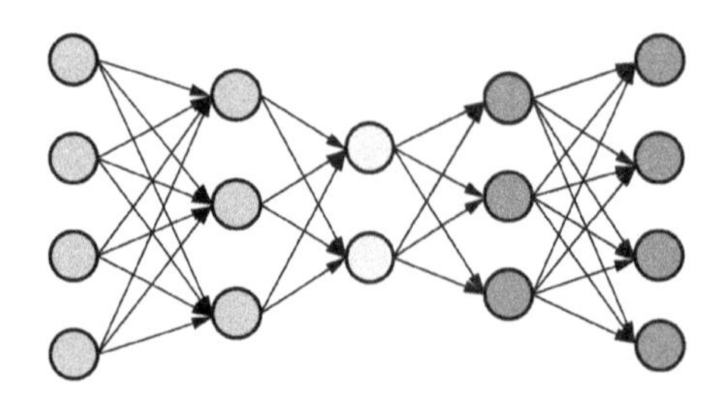

图 3-3-8　自编码器模块

图中左半部分(中灰)为编码部分,右半部分(深灰)为解码部分。最中间隐藏层(浅灰)通常为 2 个神经元,便于可视化。若从编码部分输出,则自动编码器可用于降维,实际效果和主成分分析类似。

自动编码器利用编码器函数 $h=f(x)$ 与解码器函数 $y=g(h)$ 来保证输出与输入相同,但若是简单地为自动编码器设置恒等函数 $y=g(f(x))=x$,自动编码器将失去意义,所以一般都会对原始的自动编码器额外增加稀疏约束,这样就得到了稀疏自动编码器(Sparse AutoEncoder)。图 3-3-9 介绍了稀疏自动编码器的网络结构。

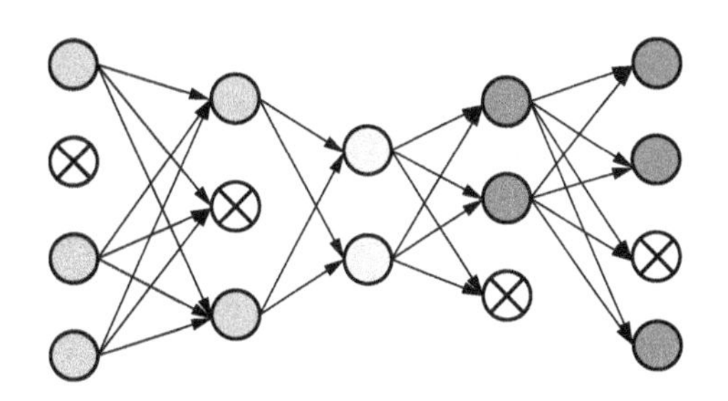

图 3-3-9　稀疏自动编码器

稀疏自动编码器通过给原始自动编码器加稀疏约束,激活少数神经元,通过少数神经元去挖掘有用的信息,从而得到输入更紧凑的表达,增强模型的泛化能力。具体实现中,通常根据权重 W 来选择是否激活神经元。

自动编码器还有不少变种,一般包括卷积自动编码器(Convolutional AutoEncoder)、去噪自动编码器(Denoise AutoEncoder)、变分自动编码器(Variational AutoEncoder)等。卷积自动编码器将卷积加入自动编码器框架,即将全连接层变成卷积-池化层,常用于处理计算机视觉问题。去噪自动编码器通过把随机噪声加入输入数据,以恢复没有噪声的输入数据,从而增强算法的鲁棒性。通过施加约束,变分自动编码器使得编码器的学习服从单位高斯分布的隐变量模型,这里所说的隐变量模型就是指连接显变量集与隐变量集的统计模型。需要注意的是,在这里有一个关于隐变量模型的假设:显变量是被隐变量的状态所控制的,并且各个显变量之间条件独立。

5) 残差网络(ResNet)

从实践角度思考,网络的深度大大影响了模型的性能,当网络层数增加后,网络就能够进行更加复杂的特征模式的提取,因此从理论上来说当网络的深度更深时应该能得到更好的效果。但这里又有一个疑问,只要网络的深度更深其性能就一定会更好吗?根据实验发现,当网络深度达到一定程度时将会出现退化问题:随着网络深度的增加,网络准确度逐渐饱和,甚至会出现下降的情况。我们已经了解到,深层网络往往可能存在着梯度爆炸或消失的问题,这将给深度学习模型的训练带来困难。但现在已经可以通过某些技术手段如批量归一化(BatchNorm)来缓解该问题。

ResNet 基于在权重层的输入和输出之间增加跳跃连接(skip connection),来实现层数回退机制,如图 3-3-10 所示,输入信号 x 经过两个权重层,得到特征变换后的输出 $F(x)$ 与输入 x 进行对应元素的相加运算,最终输出

$$H(x)=F(x)+x \tag{3-3-4}$$

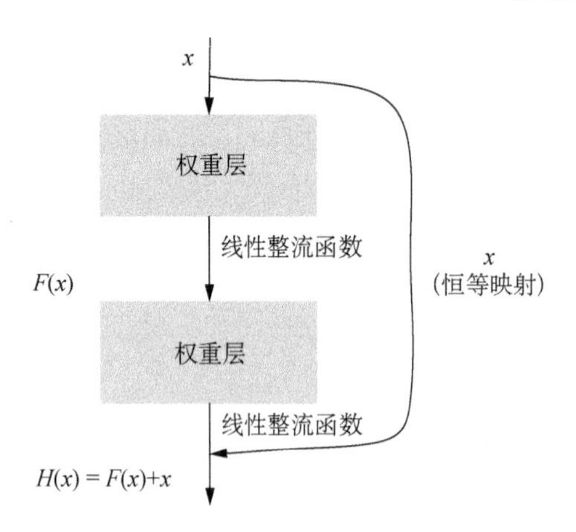

图 3-3-10 恒等映射模型结构表示

式中：$H(x)$叫做残差模块(Residual Block)。由于被跳跃连接包围的深度网络需要学习映射$F(x)=H(x)-x$，故称之为残差网络。之所以这样是因为残差学习相比原始特征直接学习更容易。当残差为0时，堆积层仅仅做了恒等映射，至少网络性能不会下降，实际上残差不会为0，这也会使得堆积层在输入特征基础上学习到新的特征，从而拥有更好的性能。

ResNet网络主要是对VGG19网络进行了借鉴，然后在原来的基础上进行调整，还借助短路机制新增了残差单元，如图3-3-11所示。

由实验验证得出，深度残差网络不仅通过堆叠残差模块达到了较深的网络层数，而且能达到训练稳定、性能优越的效果。图3-3-11为ResNet 34模型结构图。

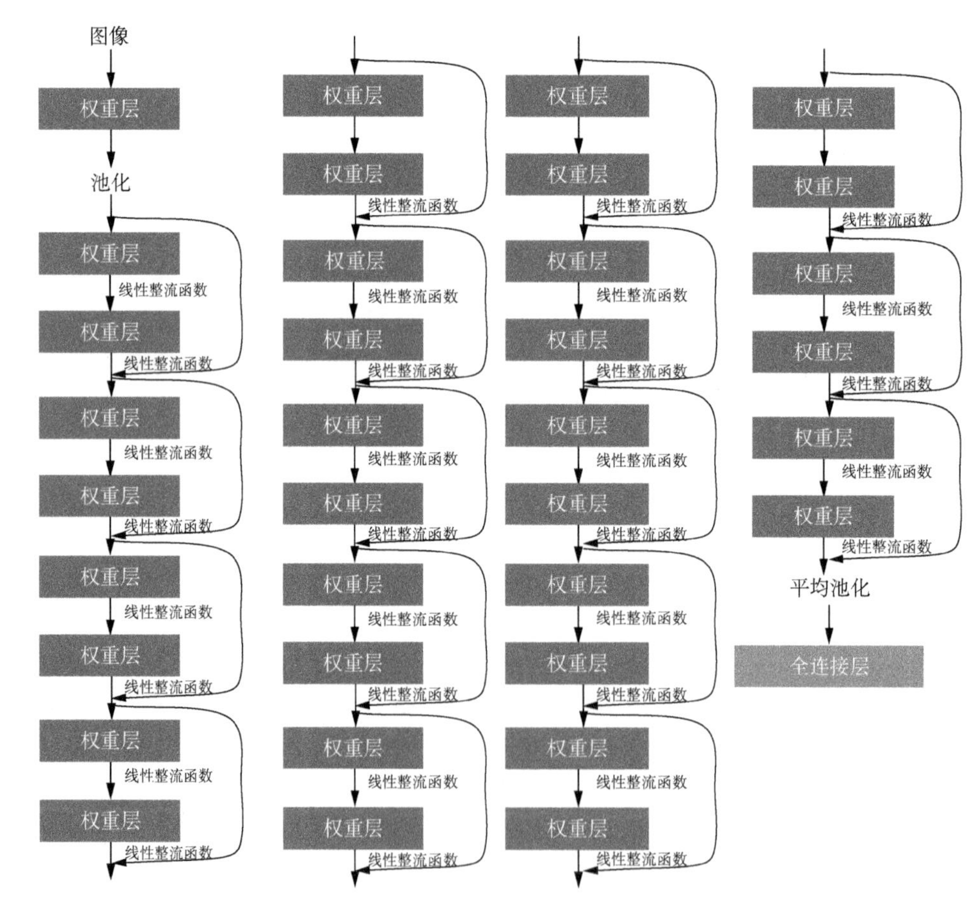

图 3-3-11 ResNet 34 模型结构图

6）密集连接卷积网络（DenseNet）

在计算机视觉领域，卷积神经网络（CNN）已经成为最主流的方法之一，尽管众多的科研人员们不断提出了新的模型，如 VGG-19、GoogLeNet、Incepetion、ResNet 等。其中 ResNet 模型的核心是基于上层和下层的"短路连接"（skip connection），协助训练过程中的反向传播梯度优化，所以可以训练出更深的 CNN 网络。DenseNet 有着与之相同的构造思路，只不过其建立的是前面所有层与后面层的密集连接（dense connection），借助前馈的方式重用信息特征，实现在计算成本更少的情形下得到比 ResNet 更优的性能，其结构图如图 3-3-12 所示。

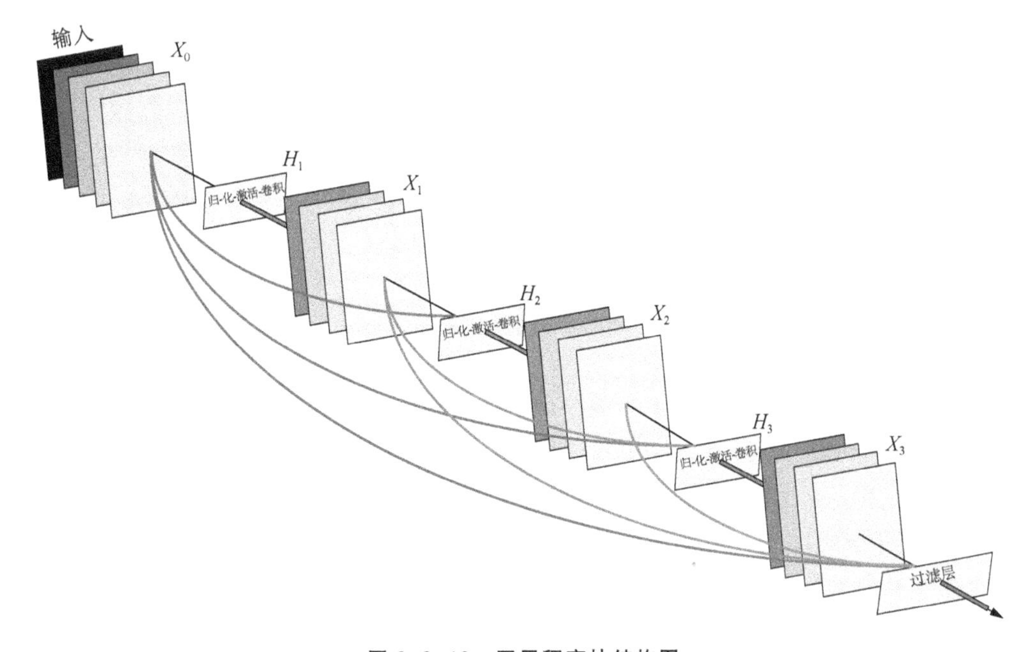

图 3-3-12　四层稠密块结构图

从图 3-3-12 中可以看出，对于一个 L 层的网络，DenseNet 共包含 $\frac{L(L+1)}{2}$ 个连接。对比其原理，传统的网络在 i 层的输出可以定义为：

$$x_i = H_i(x_{i-1})$$

式中：$H_i(\cdot)$ 表示第 i 层网络函数（组合函数，包含了 Batch Normalization、ReLU、Pooling 及 Conv 等操作），ResNet 在 i 层的输出可以定义为：

$$x_i = H_i(x_{i-1}) + x_{i-1} \tag{3-3-5}$$

可以观察到，与传统的网络相比，ResNet 的每层网络的输出都包含了该层的输入。同样的，DenseNet 在 i 层的输出定义为：

$$x_i = H_i([x_0, x_1, \cdots, x_{i-1}])$$

相较于 ResNet，DenseNet 的每层网络的输出包含了该层之前所有层的输入，对于特征的重用更加丰富。下面介绍一些 DenseNet 中重要的结构和参数。

• 增长率:把超参数 k 视作网络增长率。假设每个 $H_i(\cdot)$产生 k 个特征图,那么第 i 层产生 $k_0+k\times(i-1)$个特征图,其中 k_0 是输入层的通道数。

• 组合函数:假设一个组合函数 H_i(?)是批归一化(BN)-线性整流函数(ReLU)-3×3 卷积(Conv)。

• 瓶颈层:在 BN-ReLu-3×3 卷积之前进行 BN-ReLU-1×1 Conv 操作,减少特征图尺寸。

• 池化层:采用 1×1 卷积和 2×2 平均池化作为相邻稠密块之间的转换层,以减少 feature map 数和缩小 feature map size。在相邻 Dense Block 中输出的 feature map size 是相同的,以便使它们能够很容易地连接在一起。

• 压缩:如果一个 dense block 包含了 m 个 feature map,则过渡层生成 θ_m 输出 feature maps,其中 $0<\theta\leqslant1$ 称为压缩因子。当 $\theta=1$ 时,通过 Transition Layers 的 feature maps 数保持不变。当 $\theta<1$ 时,该网络结构称为 DenseNet-C。当同时使用 Bottleneck 和 $\theta<1$ 的 Transition Layers 时,该网络结构被称为 DenseNet-BC。

DenseNet 网络受益于其独特的密集连接方式,协助了反向传播梯度的优化,大大提高了网络的训练效率;而且 DenseNet 是基于连接特征来进行短路连接的,实现了特征重用,并且还采用了较小的增长率,减小了所有层独有的特征图尺寸,大大提升了计算效率;DenseNet 鼓励特征重用,最后的分类器使用的特征为低级特征。

7) 图卷积网络(GCN)

普通卷积神经网络的研究对象是具有欧几里得整环的数据,而该数据有一个显著的特征,即有着十分规则的空间结构。但现实里不规则的空间结构普遍存在,如社交网络、分子结构等抽象出来的图谱,它们每个节点的连接都不具有一般规律。卷积神经网络在碰到这些无序的对象数据时,显然难以达到原有的性能标准。在此基础上,采用图数据来对这些非欧结构进行表达显得尤为重要。传统卷积神经网络的卷积过程实质上就类似于借助一个共享参数的过滤器,通过计算中心像素点以及相邻像素点的加权和来重新组建特征图完成空间特征的提取,但对于图数据,想要找到固定的卷积核来适应整个图的不规则性是难上加难的。图卷积网络(Graph Convolutional Network, GCN)的提出有效地解决了上述问题,为处理非欧结构背景下的问题提出了一种值得研究的模型,结构如图 3-3-13 所示。

图卷积网络面对的核心问题是难以选取固定的卷积核来适应整个图的无序性,现在对这一问题的研究大致包括两个方向:一是基于空间域,直接在每个节点的连接关系上定义卷积操作,这更类似于传统卷积神经网络中的卷积;二是基于谱域,利用图谱的理论来进行拓扑图上的卷积运算。目前基于谱域的研究更为热门,其中最核心的理论是图傅里叶变换(Graph Fourier Transform, GFT),其公式定义为:

$$GT\{x\}=\boldsymbol{U}^{\mathrm{T}}\boldsymbol{x}$$

图傅里叶逆变换公式为:$IGT\{x\}=\boldsymbol{Ux}$,其中 $\boldsymbol{U}$ 是拉普拉斯归一化矩阵 $\boldsymbol{L}^{sys}$ 的特征向

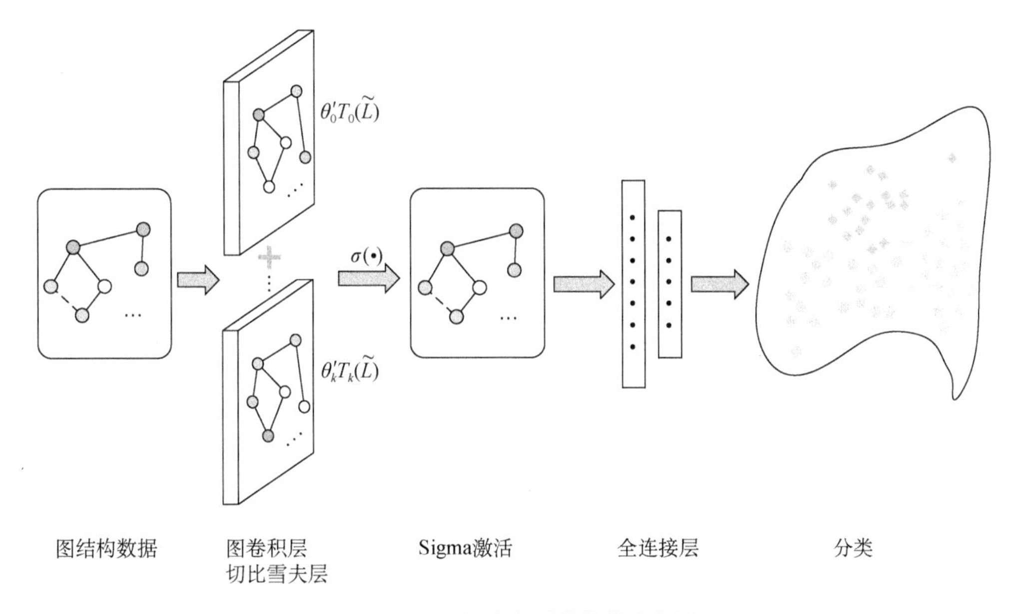

图 3-3-13　图卷积网络结构流程图

量，$\boldsymbol{L}^{sys}$ 定义为：

$$\boldsymbol{L}^{sys}=\boldsymbol{D}^{-1/2}\boldsymbol{L}\boldsymbol{D}^{-1/2}$$

式中：$\boldsymbol{L}=\boldsymbol{D}-\boldsymbol{A}$，$\boldsymbol{A}$ 为邻接矩阵，$\boldsymbol{D}$ 为度矩阵，其计算公式为 $\boldsymbol{D}_{ii}=\sum_j A_{ij}$，是一个对角阵。针对卷积过程，我们定义一组信号 x 和过滤器 g 的卷积为：

$$\boldsymbol{g}_{\boldsymbol{\theta}}*\boldsymbol{x}=\boldsymbol{U}((\boldsymbol{U}^{\mathrm{T}}\boldsymbol{g}_{\boldsymbol{\theta}})\odot(\boldsymbol{U}^{\mathrm{T}}\boldsymbol{x}))=\boldsymbol{U}\boldsymbol{g}_{\boldsymbol{\theta}}(\boldsymbol{\Lambda})\boldsymbol{U}^{\mathrm{T}}\boldsymbol{x} \tag{3-3-6}$$

式中：$g_{\theta}(\boldsymbol{\Lambda})=\boldsymbol{U}^{\mathrm{T}}\boldsymbol{g}_{\boldsymbol{\theta}}$，$\theta$ 是一个参数；$\odot$ 为 Hadamard 乘积；$\boldsymbol{\Lambda}$ 为特征值构成的对角阵。为了简化其运算，提出了采用 K 阶多项式拟合 $g_{\theta}(\boldsymbol{\Lambda})$ 的方法，其公式可转化为：

$$g_{\theta}(\boldsymbol{\Lambda})\approx\sum_{k=0}^{K}\theta_k\boldsymbol{\Lambda}^k$$

代入式(3-3-6)中，可以得到：

$$\boldsymbol{g}_{\boldsymbol{\theta}}*\boldsymbol{x}\approx\boldsymbol{U}\sum_{k=0}^{K}\theta_k\boldsymbol{\Lambda}^k\boldsymbol{U}^{\mathrm{T}}\boldsymbol{x}=\sum_{k=0}^{K}\theta_k\boldsymbol{L}^k\boldsymbol{x}$$

切比雪夫多项式 $T_k(x)=2xT_{k-1}(x)-T_{k-2}(x)$ 被应用到很多简化流程中，图卷积也不例外，设置其 $T_0(x)=1$，$T_1(x)=x$，被简化后的公式为：

$$\boldsymbol{g}_{\boldsymbol{\theta}'}*\boldsymbol{x}\approx\boldsymbol{U}\sum_{k=0}^{K}\theta'_kT_k(\widetilde{\boldsymbol{\Lambda}})\boldsymbol{U}^{\mathrm{T}}\boldsymbol{x}=\sum_{k=0}^{K}\theta'_kT_k(\widetilde{L})\boldsymbol{x} \tag{3-3-7}$$

这里 $\widetilde{L}=\dfrac{2}{\lambda_{\max}}L-I_n$，我们可以得到输出：

$$y_{\text{output}}=\sigma\left(\sum_{k=0}^{K}\theta'_k T_k(\widetilde{L})\boldsymbol{x}\right)$$

GCN 有着普通 CNN 没有的优点，它的参数共享、网络权值共享；在第二层之后，每个节点还包含相邻节点周围节点的信息，从这个角度看，参与运算的信息量就会变大。也就是说随着卷积层的增加，更远处邻近节点的信息也会慢慢集中起来，GCN 复杂度相较于 CNN 大大降低。

GCN 为当今最火热的网络分支之一，其相较于传统 CNN 更加具有潜力，同时随着 GCN 网络变形的出现，其局限性也被大大削减，相信在不久的将来，针对非欧结构数据的研究方法也会越来越多。

8）生成对抗网络（GAN）

生成对抗网络（Generative Adversarial Network，GAN）无疑是当今的一个研究热点，其于 2014 年被 Goodfellow 提出并发布于当年的 NIPS 上。生成，就是想要生成在真实世界不存在的数据，这是 GAN 的初衷；对抗，即与真实数据相比较。因此这一网络的目的功能就是生成与真实数据几乎没有差别的数据，可以认为 GAN 就是一个造假机器，造出来的东西和真实的一样。

下面简单介绍原生 GAN 算法。网络中的两个主体分别是生成器 G（Generator）和判别器 D（Discriminator），其均为神经网络，结构如图 3-3-14 所示。

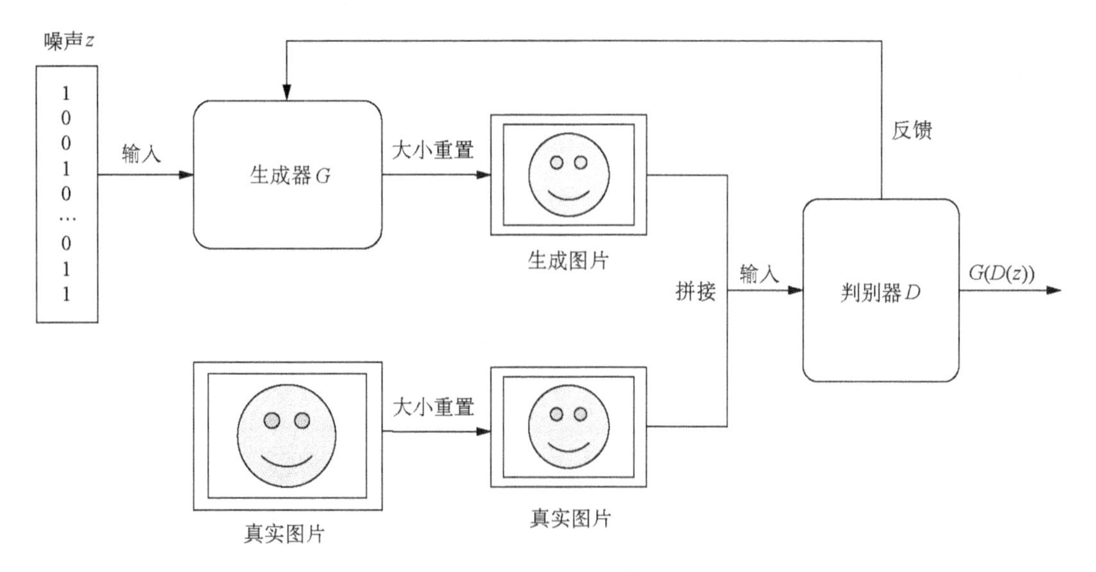

图 3-3-14　GAN 结构图

• 生成器 G 主要用来捕捉样本数据的分布，并且基于噪声 z（服从高斯分布、均匀分布等）来得到一种类似真实训练数据的样本，其追求的目标是与真实样本越相像越好，以图像为例，记作 $G(z)$。

• 判别器 D 是一个二分类器，用于判别生成数据，估计一个样本是否属于真实数据，用 $D(x)$ 表示真实图像的概率，其值为 1 时表示为 100% 的真实图像。

在训练过程中，固定生成器或判别器中的任何一方，同时更新优化另一方的网络权重，并在更新完毕后将二者进行交换。在这个交替迭代的过程中，二者都会极力优化自身的网络参数，以此来让它们形成竞争对抗的态势，一直到双方达到动态平衡。理想状态下，最终的结果应该为 G 生成的图像与真实图像几乎一样，并且判别器 D 难以在真实图像与 G 生成的图像之间做出区分，此时 $D(G(z))=0.5$，则可以认为生成结果以假乱真，生成效果优秀。可将上述过程用公式表示如下：

$$\min_G \max_D V(D, G)=E_{x\sim p(x)}[\log D(x)]+E_{x\sim p_z(z)}[1-\log D(G(z))]$$

式中：z 代表输入 G 网络的噪声；x 代表真实的图像；$G(z)$ 则代表 G 网络生成的图像；$D(x)$ 代表输入图像为真实图像的概率值；$D(G(z))$ 用来判断 G 网络生成的图像是否真实。

模型中采用了随机梯度下降法训练更新网络 G 和 D，首先训练 D 网络，利用梯度上升，使损失函数越大越好。假设噪声数据为 $\{z^{(1)},\cdots,z^{(m)}\}$，真实图像数据为 $\{x^{(1)},\cdots,x^{(m)}\}$，$\theta_d$ 为真实数据符合的分布参数（若为高斯分布，则 θ_d 为方差和均值），θ_g 为噪声数据符合的分布参数，可得梯度公式为：

$$\text{grad}(D)=\nabla_{\theta_d}\frac{1}{m}\sum_{i=1}^{m}[\log D(x^{(i)})+\log(1-D(G(z^{(i)})))] \tag{3-3-8}$$

迭代更新的分布参数为：

$$\theta_d \leftarrow \theta_d + \eta\ \nabla_{\theta_d}$$

再训练 G 网络，利用梯度下降算法，使损失函数越小越好，梯度公式为：

$$\text{grad}(G)=\nabla_{\theta_g}\frac{1}{m}\sum_{i=1}^{m}\log(1-D(G(z^{(i)})))$$

更新的分布参数为：

$$\theta_g \leftarrow \theta_d - \eta\ \nabla_{\theta_g}$$

同时为了保证出现新的 D 网络，要求更新 D 网络多次，更新 G 网络一次。必须说明的是，GAN 的全部过程都是无监督的，因此在生成环节，G 网络可能会根据随机的概率生成一些天马行空的图像，并且 D 网络也许会给出比较高的概率值，这是由无监督过程目的性不强的特点所导致的。

3.3.3 相关应用

生物医学信号处理领域：基于生理信号的情绪识别、心律失常判别、基于脑电信号的睡眠状态识别。自然语言处理领域：语音识别、机器写作、文本聚类/分类、知识图谱、人机对话、机器翻译和文本自动摘要。计算机视觉应用领域：大规模（海量数据）图片识别（分类/聚类），如人脸识别、车牌识别等。目标检测领域：安防系统的异常人群检测、自动驾驶的行人检测、数据挖掘、风控系统、广告系统、推荐系统、机器人和游戏等方面。

习　题

1. 特征工程的一般步骤有哪些?

2. 在机器学习中,数据集通常分为哪几个部分? 各有什么作用?

3. 度量样本纯度通常有哪几种指标? 其中最常用的是哪一种?

4. 分类学习方法有哪些?

5. 什么是聚类? 聚类与分类的区别是什么?

6. 请简要描述 KNN 算法的执行过程。

7. 在神经网络中为什么要引入非线性?

8. 构建决策树模型需要的参数有哪些? 其各自的意义分别是什么?

9. 请简述梯度下降算法的正确步骤。

10. 分类网络与回归网络的区别是什么?

11. 请简述监督学习、非监督学习与强化学习的区别。

12. SVM 模型是基于什么原理实现的? 它有哪些常用的核函数? 它与普通的线性分类器有什么不同之处?

13. 请列举几个常用的激活函数。

14. 请描述一下机器学习与深度学习的区别。

15. 什么是过拟合? 通常在什么情况下容易碰到过拟合问题? 我们可以通过什么方法来缓解过拟合?

16. 如何理解神经网络训练过程中的学习率?

17. 请介绍一些深度学习模型。

18. 请列举一些深度学习的相关应用。

第4章　一维信号智能处理

4.1　一维信号向量数据去噪

4.1.1　引言

我们所处的社会，资讯的传播媒介就是信号。信号无处不在，与我们的生产、生活息息相关，数码电视、射频、声音识别、视觉影像、手机、雷达等都涉及信号，因此，信号与我们是密不可分的。在信号中，存在着不同的噪声类型。在通信系统中，普遍存在的噪声就是热噪声，这是无法避免的。噪声会对有用的信号造成很大的干扰，甚至会将有用的信息全部淹没。因此，如何减弱或消除这些信号的噪声干扰就显得尤为重要。

在传统的傅里叶分析中，信号分析是在频域内进行的，没有时域的信息。因为信号的频谱信息十分重要，所以这种分析方法只适用于特定的应用。然而，被丢弃的时域信息与其他应用一样重要，所以傅里叶分析必须得到最优解，并能同时反映时域和频域的信息。

传统的信号分析方法基于傅里叶变换，傅里叶分析采用的是一种全局转换，不是在时域就是在频域中，所以不能同时表达出信号的时频特性。为研究非稳定信号处理，很多研究对传统傅里叶方法进行了大量的优化修改以及根本性的改革，获得了很多全新的信号处理研究方法，如 FFT、Gabor 变换、时频分析、小波变换、分数阶傅里叶变换、线性调频小波变换等。在这一章，我们将讨论一维信号的定义、常用的处理方法、优劣势和一维信号的智能应用。

4.1.2　定义

1）信号

一维信号是指只有一个维度的信号，常以向量数据的形式表示。在模式识别领域，通常将一个研究对象的特征值或测量值作为一个整体考虑，即构成一个特征向量，也即一维信号。所有对象的特征向量组成了特征空间。这些特征向量反映了研究对象的主要特征并作为研究对象的代表被输入模式分类、聚类或回归算法中进行处理，最终得到理想的结果。

对于一个一维实信号来说，可以有无数种复数表示形式，表示一个实信号最简单的方法是将 $x(t)$ 直接作为复信号的实部，再构造其虚部 $\hat{x}(t)$，因此，$z(t)$ 的复数表达形式可以记为：

$$z(t)=x(t)+\mathrm{j}\hat{x}(t) \tag{4-1-1}$$

其极坐标的形式记为：

$$z(t)=a(t)\mathrm{e}^{\mathrm{j}\varphi(t)} \tag{4-1-2}$$

因为实信号的频谱共轭对称，所以通常保留信号频谱的正频率部分，而将负频率部分剔除，这不会造成原信号信息的任何损失，也不会引入虚假信息（为了使原信号的总能量保持不变，需要对正频率频谱的幅值加倍）。只保留正频率部分的复信号 $z(t)$ 的频谱可以表示为：

$$Z(f)=\begin{cases}2X(f), & f>0\\ X(f), & f=0\\ 0, & f<0\end{cases}$$

若 $H(f)$ 是奇对称的阶跃函数，其中：

$$H(f)=\begin{cases}1, & f>0\\ 0, & f=0\\ -1, & f<0\end{cases}$$

则有：

$$Z(f)=X(f)^{[1+H(f)]} \tag{4-1-3}$$

由上式可以看出，$Z(f)$ 是 $X(f)$ 通过滤波得到的。如果 $H(f)$ 对应的冲激函数为 $h(t)$，则复信号 $z(t)$ 可以表示为：

$$\begin{aligned}z(t)&=x(t)+\mathrm{j}x(t)*h(t)\\&=x(t)+\mathrm{j}\int_{-\infty}^{+\infty}\frac{x(\tau)}{t-\tau}\mathrm{d}\tau\\&=x(t)+\mathrm{j}H[x(t)]\end{aligned} \tag{4-1-4}$$

式中：

$$H[x(t)]=\int_{-\infty}^{+\infty}\frac{x(\tau)}{t-\tau}\mathrm{d}\tau \tag{4-1-5}$$

2）瞬时频率

为了学习一维信号的处理方法，我们还需要了解频率这个重要概念。频率也是物理学与工程技术上常常用到的概念之一，在信息的研究上也同样具有重要的价值。在一般的光谱分析中，频率通常指的是以傅里叶变换为依据的与时间无关的物理量：频率 f 或角频率 ω 实质上反映了信息在一段时间内的总体特性。对于常见的稳定信息，用常规的频率范围分析也是可行的。但是对现实中出现的非稳定信号来说，它的频率会随着时间的推移而改变，这时的傅里叶变换的频率已经不能适应这种情况，因此必须引进瞬时频率这一概念来描述信号的局部特性。

尽管在信号处理中，关于瞬时频率的数学定义尚有争论，迄今尚未形成一致意见，但是由 Gabor 于 1948 年提出的解析相位法所定义的瞬时频率，是迄今公认的较为合理的一种定义。具体的定义是这样的：

首先，对于给定的时间序列 $x(t)$，其解析信号

$$z(t)=x(t)+\mathrm{j}\hat{x}(t) \tag{4-1-6}$$

其中，瞬时振幅

$$A(t)=\sqrt{x^2(t)+\hat{x}^2(t)}$$

瞬时相位

$$\theta(t)=\arctan\frac{\hat{x}(t)}{x(t)}$$

Hilbert 变换通过 $x(t)$和 $1/t$ 的卷积使信号的虚部表示唯一确定，同时解析信号 $z(t)$ 表征了原信号的局部特性，而其极坐标的表达式更为清晰地表明了这种特性，它反映了相位和幅值随时间变化的三角函数对原信号的最佳局部逼近。

定义信号的瞬时频率为瞬时相位的导数，即：

$$f(t)=\frac{1}{2\pi}\frac{\mathrm{d}\theta(t)}{\mathrm{d}t} \tag{4-1-7}$$

4.1.3 常见的理论方法

1）基于时域的滤波算法

基于时域的滤波算法是一维信号滤波的主要方法之一，经典的时域滤波去噪算法有很多，如均值滤波、中值滤波和高斯滤波等。

（1）一维数据均值滤波

一维数据均值滤波是最简单的一种滤波算法，其实现的主要步骤为：多次测量信号强度（RSSI）数据，得到一组 RSSI 数据集，最后求出该数据集的算术平均值即为该采样点的最终结果。该采样点的值可表示为：

$$s(i)=\frac{1}{2R+1}\sum_{k=-R}^{R}s(i+k) \tag{4-1-8}$$

式中：R 为邻域半径。采用一维平均滤波算法进行数据预处理，能够将由特定因素引起的数据错误进行融合，具有简单易懂，算法、时间复杂度和空间复杂度低等优点。然而在该算法过程中并未去除误差较大的数据，而是采取融合的方式对数据进行处理，所以使用该算法仅能避免偶然误差对测量结果产生的影响。

均值滤波也可以归结为对矩形窗加权的有限冲激响应和滤波。均值滤波是一种与低通滤波器相对应的滤波器，其截断频率与矩形窗的长度也就是在滤波窗中像素数量成反比例。但是不论矩形窗长如何选择，均值滤波的这些低通特性在平缓噪声的时候，必然会模糊信息的细节和边界。

(2) 一维数据中值滤波

中值滤波一般应用于在图像处理过程中对椒盐噪声的处理,对一维图像的去噪也可以用中值滤波的方法,并且中值滤波考虑了由偶然误差产生的偏差数据。中值滤波的基本步骤为:多次测量 RSSI 值,得到一组数据,然后进行内部排序,获得中间值,用中间值代替左、右端的数据。这种算法将数据中的最大、最小数据剔除,采用"折中数据"。在实际应用中,可以将一维数据按照采集次序进行排序,将序列中一点的值用该点的一个邻域中各点值的中间值代替,从而消除孤立的噪声点。

(3) 一维数据高斯滤波

高斯滤波原理一般使用在图像图形处理中,此基本原理同样也可以进行图像的预处理,假设经过多次的 RSSI 值的测量得到一维图像,则它近似满足高斯分布,且其概率密度满足:

$$f(x_i)=\frac{1}{\sqrt{2\pi}\sigma}e^{-\frac{(x_i-\mu)^2}{2\sigma^2}} \tag{4-1-9}$$

3σ 准则是一种按照概率区间来判断随机误差的过程,对测量所得到的 RSSI 值进行计算,得到均值 μ 与标准差 σ,按以下三个概率函数可以确定$(\mu-\sigma,\ \mu+\sigma)$,$(\mu-2\sigma,\ \mu+2\sigma)$,$(\mu-3\sigma,\ \mu+3\sigma)$三个区间。

$$P(\mu-\sigma\leqslant x_i<\mu+\sigma)=\Phi(1)-\Phi(-1)=0.682\ 6$$
$$P(\mu-2\sigma\leqslant x_i<\mu+2\sigma)=\Phi(2)-\Phi(-2)=0.954\ 4$$
$$P(\mu-3\sigma\leqslant x_i<\mu+3\sigma)=\Phi(3)-\Phi(-3)=0.997\ 4$$

当设定区间为$(\mu-3\sigma,\mu+3\sigma)$时,即测量值在此区间的概率值已经达到了 0.997 4,将偏离该区间的数据定义为噪声数据,并将其剔除。

高斯滤波是均值滤波在时域的加权形式,即利用待估计采样点与邻域内某点的采样时差来决定其权重,距离越近的点对估计采样点的影响越大,该采样点的值可表示为:

$$s(i)=\frac{\sum_{k=-R}^{R}w_k s(i+k)}{\sum_{k=-R}^{R}w_k},\ 其中\ w_k=e^{-\frac{k^2}{2\sigma^2}} \tag{4-1-10}$$

式中:σ 为高斯核的标准差。高斯滤波在一定程度上缓解了均值滤波因为邻域半径设置不佳造成的信号失真问题,但由于忽略了邻域之间的相关性,因此信号在某时刻突变的情况依旧会导致失真。

2) 一维数据马氏距离去除数据噪声

马氏距离表示数据的协方差距离,可以用来判断两个样本的相似程度。此方法将经过多次测定后所得的 RSSI 值视为总样本数,其均值为 μ,协方差为 σ^2,计算某待测数据 X 与总体样本 G 的马氏距离的公式如下:

$$d^2(X, G)=\frac{(x-\mu)'(x-\mu)}{\sigma^2}=\frac{(x-\mu)^2}{\sigma^2}$$

在采用此方式确定某 RSSI 数据是否为噪声数据之前，应先选择好参数，如果所得到的马氏距离值大于该参数，可将此 RSSI 数据确认为噪声数据，并对其加以消除。然后，对保存下来的 RSSI 值再求算术平均值，得到所要转化为距离的 RSSI 值。

对比于欧氏距离，马氏距离是一个比较常见的测量长度的方法，测量的是两个样本数据的实际距离，能够更全面地反映出采样点的总体特征。考虑了各个维度之间的相关性，并且对各个维度的尺度进行了调整，使用马氏距离的优势在于其计算是基于每一个总样本，这意味着，尽管两个样本数据完全一样，但是在不同的整体上进行计算，其结果通常会有差异。因此，对每个数据进行了多次的 RSSI 测量，虽然每一组的平均值都是一样的，但是要去除的噪声数据却不一样，这样就可以在某种程度上减少错误。

3）卡尔曼滤波

卡尔曼滤波是一个通过将卡尔曼方程的观测数据和实际情况相结合，对整体的信息做出最优预测的过程。无论是观测数据，还是经验数据，都会受噪声信息的干扰而产生相应的偏差，而卡尔曼滤波方法通过线性方程对信息进行最优计算，不但能够对历史线性数据集进行平滑除噪处理，而且能够预报下一阶段的数据，是消除噪声回归真实信息的一个数据处理方法。

自适应卡尔曼滤波的基本实现步骤是在某一时间，根据上一时刻的观察值和经验值用线性方程推算出该时间的最佳值。具体计算方程可分解为估计步骤和改进步骤。

预测过程是先利用所估计的前一阶段的先验状态估计值 θ_{k-1} 去估计当前时间的先验状态估计值 θ'_k，然后再利用前一阶段的误差协方差 P_{k-1}，去预测当前时间的误差，预测方程如下：

$$\begin{aligned}\boldsymbol{\theta}'_k&=\boldsymbol{A}\boldsymbol{\theta}_{k-1}+\boldsymbol{B}\boldsymbol{\mu}_k\\ \boldsymbol{P}'_k&=\boldsymbol{A}\boldsymbol{P}_{k-1}\boldsymbol{A}^{\mathrm{T}}+\boldsymbol{Q}\end{aligned}\tag{4-1-11}$$

更新过程需要先计算卡尔曼增益，再对预测值进行更替，具体更新方程如下：

$$\begin{aligned}\boldsymbol{Kal}_k&=\boldsymbol{P}'_k\boldsymbol{C}^{\mathrm{T}}(\boldsymbol{C}\boldsymbol{P}'_k\boldsymbol{C}^{\mathrm{T}}+\boldsymbol{R})^{-1}\\ \boldsymbol{\theta}_k&=\boldsymbol{\theta}'_k+\boldsymbol{Kal}_k(\boldsymbol{O}_k-\boldsymbol{C}\boldsymbol{\theta}'_k)\\ \boldsymbol{P}_k&=(1-\boldsymbol{Kal}_k\boldsymbol{C})\boldsymbol{P}'_k\end{aligned}\tag{4-1-12}$$

式中：$\boldsymbol{\theta}'_k$ 为根据 $k-1$ 次系统模型计算出的第 k 次的经验判断值；$\boldsymbol{\theta}_{k-1}$ 为估计值；$\boldsymbol{\mu}_k$ 为系统模型参数；$\boldsymbol{P}'_k$ 为状态估计误差，即真实值与经验值之间的误差协方差矩阵；$\boldsymbol{P}_{k-1}$ 为实际值与估计值之间的误差协方差矩阵；$\boldsymbol{Kal}_k$ 为卡尔曼增益；$\boldsymbol{O}_k$ 为系统观测值；$\boldsymbol{A}$ 为状态转移矩阵；$\boldsymbol{B}$ 为参数矩阵；$\boldsymbol{Q}$ 为预测的噪声方差；$\boldsymbol{C}$ 为观测数据矩阵；$\boldsymbol{R}$ 为观测值的误差。

4）傅里叶变换

对多数信号来说，傅里叶分析能够给出信号中包含的各种频率成分。傅里叶分析在信号分析处理中起着非常重要的作用，并且为后来很多的信号处理奠定了基础。同样的，傅里叶变换在一维数据的处理分析中也占据着重要地位。傅里叶分析将信号的时域特性转换为频域特性。在分析时域信号 $f(t)$时，总假定其能量有限，数学上表示为：

$$f(t)\in L^2(\mathbf{R})$$

其中：

$$L^2(\mathbf{R})=\{f(t),\ \|f\|_L^2=\int_{-\infty}^{+\infty}|f(t)|^2\mathrm{d}t<\infty,\ t\in\mathbf{R}\}$$

对时域信号 $f(t)$做频域刻画，$f(t)$的傅里叶变换的表达式为：

$$\hat{f}(\omega)=\int_{-\infty}^{+\infty}f(t)\mathrm{e}^{-\mathrm{i}\omega t}\mathrm{d}t \tag{4-1-13}$$

其傅里叶逆变换的公式定义为：

$$f(t)=\frac{1}{2\pi}\int_{-\infty}^{+\infty}\hat{f}(\omega)\mathrm{e}^{\mathrm{i}\omega t}\mathrm{d}\omega \tag{4-1-14}$$

傅里叶变换及其逆变换是一一对应的。信号 $f(t)$的时域特性可以转化为频域特性 $f(\omega)$来研究，信号的频域特性也可以通过所对应的时域特性来研究。

傅里叶变换虽然将信号的时域特征和频域特征联系起来，能够分别从时域和频域上观察信号，但是不能把两者有机地结合起来。无论是对频域还是对时域，傅里叶变换都是定义在 **R** 上的全局积分。在用傅里叶变换对信号进行处理的时候，识别出的频率在什么时候产生并不知道，在某一时刻信号的频率是多少也不能观察出来。因此傅里叶变换是一个全局的变换，无法表达在某一局部时刻信号的频率特征，在频率域缺乏时间分辨率，即傅里叶变换没有对时刻和频率特征的定位功能。

另外，傅里叶变换对非平稳的信号，如故障诊断信号、地震波信号、脑电波信号的分析有很多困难。对于这些信号的分析需要给出信号的时频关系图，显然傅里叶变换不能够满足需要。

5）短时傅里叶变换

在实际应用中，所碰到的信号常常是不确定的，也就是说，信号的频率会随时间改变。因此，傅里叶变换在时变信号中是不适合的。在信号分析与处理中，一方面要掌握信号中的频谱信息，另一方面要了解各种频段的产生情况。为了克服傅里叶变换在时频局部化上存在的缺陷，Gabor 在 1946 年提出了窗傅里叶变换，又称短时傅里叶变换(Short Time Fourier Transform，STFT)，其定义如下：

假设 $g(t)$是一个窗函数，利用基函数 $g_{t,\omega}(\tau)=g(t-\tau)\mathrm{e}^{\mathrm{j}\omega\tau}$ 代替傅里叶变换中的 $\mathrm{e}^{\mathrm{j}\omega\tau}$，$x(t)$是信号函数，则 $x(t)$的短时傅里叶变换表达式定义为：

$$\mathrm{STFT}_x(t,\ \omega)=\int_{-\infty}^{+\infty}x(t)g^*(\tau-t)\mathrm{e}^{-\mathrm{j}\omega\tau}\mathrm{d}\tau \tag{4-1-15}$$

相应的短时傅里叶逆变换为：

$$x(t)=\frac{1}{2\pi}\int_{-\infty}^{+\infty}\mathrm{STFT}_x(t,\ \omega)g(t-\tau)\mathrm{e}^{\mathrm{j}\omega\tau}\mathrm{d}\omega \tag{4-1-16}$$

式中：$g^*(t)$为 $g(t)$的共轭；$g(t)$为窗函数，在短时傅里叶变换中起到时限作用；$\mathrm{e}^{-\mathrm{j}\omega\tau}$ 起频限作用，两者结合可以起到时频局部化作用。

与常规傅里叶变换相比，短时傅里叶变换能够提供更多的信号信息，而短时傅里叶变换在信号分离方面优于常规傅里叶变换，可以更好地反映目标的特性。

6）小波阈值法

与傅里叶变换相似，小波变换是一种能反映时频局部信息的多分辨率分析方法。相对于短时傅里叶变换，小波变换更适用于对非平稳信号的分析和降噪。下面先介绍小波阈值去噪函数。

简单来说，阈值去噪便是对数据信息加以分析，并且通过阈值处理方法对划分后的系数进行处理，进而通过重构得到去噪数据信息。这个方法的依据是小波变换具有很强的去数据相关性，它能使信号的能量在小波域集中在一些大的小波系数当中，而噪声的能量却分布于整个小波域内。通过小波划分后，信息的小波变换系数的幅值通常要超过噪声的最大系数矩形波幅值。因此可以认为，比较大的小波变换系数通常以频率为主，而比较小的小波交换系数则在较大范围内属于噪声。因此，通过设置阈值的方法就能够将信息系数保持下来，并使部分的噪声系数下降至零。小波阈值压缩法去噪的具体过程是：首先对含噪信息在各尺寸上进行小波分析，并且选择某个阈值点，将幅值等于该阈值点的小波变换系数设为零，超过该阈值点的小波变换系数或是完全保存，或是采用适当的“收缩(shrinkage)”处理过程。之后再对处理过程所得出的小波变换系数用逆小波变换加以重建，从而获得去噪后的数据。

通常使用的阈值可以分为硬阈值、软阈值和改进阈值三种。这三种方法均需要先寻找一个合适的数值 λ 作为阈值，然后把低于 λ 的小波系数看作是由噪声引起的，并将其设为零，这种方法称为硬阈值法。对高于 λ 的小波系数完全保留或者进行适当的放缩，从而得到估计小波系数的方法称为软阈值法。在得到估计小波系数的基础上对有用信号进行重构，得到去噪后的信号。

硬阈值函数为：

$$\hat{x}_{j,k}=\begin{cases}\omega_{j,k}, & |\omega_{j,k}|\geqslant\lambda\\ 0, & |\omega_{j,k}|<\lambda\end{cases} \tag{4-1-17}$$

软阈值函数为：

$$\hat{x}_{j,k}=\begin{cases}\mathrm{sign}(\omega_{j,k})(|\omega_{j,k}|-\lambda), & |\omega_{j,k}|\geqslant\lambda\\ 0, & |\omega_{j,k}|<\lambda\end{cases} \tag{4-1-18}$$

值得注意的是：

(1) 由于硬阈值函数在低阈值时是不连续的，因此会导致去噪后的信号会在阈值处产生振铃、伪吉布斯效应等。

(2) 对于软阈值函数来说，原系数与分解后所得的小波系数之间都存有着一定的误差，这也降低了重构的准确性。

软硬阈值折中法小波系数估计函数为：

$$\hat{x}_{j,k}=\begin{cases}\operatorname{sign}(\omega_{j,k})(|\omega_{j,k}|-a\lambda), & |\omega_{j,k}|\geqslant\lambda, \\ 0, & |\omega_{j,k}|<\lambda,\end{cases} \quad 0\leqslant a\leqslant 1 \tag{4-1-19}$$

当 a 取 0 或 1 时，该函数就会退化为硬阈值函数或软阈值函数。此方法从软、硬阈值法的缺陷出发，用单纯的软阈值法估计小波系数。

指数型阈值函数：

$$\hat{x}_{j,k}=\begin{cases}\operatorname{sign}(\omega_{j,k})\left(|\omega_{j,k}|-\dfrac{\lambda}{e^{\left(\frac{|\omega_{j,k}|-\lambda}{N}\right)}}\right), & |\omega_{j,k}|\geqslant\lambda \\ 0, & |\omega_{j,k}|<\lambda\end{cases} \tag{4-1-20}$$

指数型阈值函数不仅同软阈值函数一样是连续的，并且当 $|\omega_{j,k}|\geqslant\lambda$ 时该函数是高阶可导的，便于进行各种数学处理。

改进阈值函数：

$$\hat{x}_{j,k}=\begin{cases}\operatorname{sign}(\omega_{j,k})\sqrt{|\omega_{j,k}|^2-\lambda^2}, & |\omega_{j,k}|\geqslant\lambda \\ 0, & |\omega_{j,k}|<\lambda\end{cases} \tag{4-1-21}$$

改进阈值函数可以在进行去噪的时候更加有效地去除噪声，保留有用的小波系数。

7) EMD

经验模态分解(Empirical Mode Decomposition, EMD)是针对非线性、非平滑消息的时频理论分析方法。该方法能够在不要求掌握先验基础知识的情形下，根据提供信息本身的特性，自适应地将消息分解成若干个本征模式函数(Intrinsic Mode Function, IMF)之和。EMD 方法被看作是以线性和平滑假设为基础的傅里叶分析，以及小波变换等传统时频理论分析的重要突破。该方法在近几年的发展中，已逐步展露出了在非平滑信号处理过程中的特有优点，并拥有巨大的基础理论科研经济价值和广阔的应用前景。目前，EMD 技术在机器故障诊断、特征提取、信息测量、生物医学信号分析、图像处理信息分析、通信雷达信息分析等应用领域中，均具有重要的使用价值。

滤波过程和去噪过程是密不可分的，在实际应用中，一般都会使用适当的时频谱分析技术，将噪声与时频域信号分开，然后采用合适的滤波方法对其进行降噪。

传统的使用傅里叶变换的频谱分类技术将信息反映到了频谱范围内并进行了分类。这些方法对噪声的频谱特性不同于信息的频谱特性的平稳信息是相当适用的。在现实生活中人们所见到的信息往往是非稳定信息，在对其分类时就必须分清各个时刻的频率分量，这对于傅里叶变换是不可能实现的。小波分析的多分辨特性使得非平稳信号中的噪声和有效分量都具有明显的差异。但是，小波基的选择会极大地影响其降噪性能。

4.1.4 向量数据信号去噪优缺点

傅里叶变换是向量数据信号降噪中最常用的一种方法。由于正弦波是无限的，因此，傅里叶变换对某些局部信号的处理效果并不理想。例如，如果一个函数在局部区域有一个非零的值，而在其他部分均为零，那么它的频谱就会变得非常混乱。在频域中，信号的可见性远没有时域那么直观，频谱分析非常困难，但小波变换可以有效地解决这个问题。

小波变换是近年来信号、图像处理中必不可少的一种重要手段，其实质就是对原始信息的滤波过程。与傅里叶变换相比，小波变换的主要优点在于：对分析信息可以实现任意的放大平移或对其加以特征提取。其在信号降噪、信号图像分析等方面具有很大的应用价值。但是，小波函数本身并不具有唯一性，如何选择最佳小波函数是小波应用中的一个关键问题。

4.1.5 相关应用

一维向量信号去噪被广泛应用于多个领域，如机械故障诊断、特征提取、地球物理探测、医学分析等方面。

(1) 信号检测中的应用

在信号检测中，除了要充分考虑信号的形态、干扰特性外，还要根据信号的特点选用适当的处理手段。在信号处理和检测中，如何根据实际情况寻找最佳的信号处理技术是一个关键问题。

在信号处理的过程中，经常会出现信息的相位或频谱出现大幅度改变的情形。而利用时间偏移曲线，可以鉴别出一些变化很大的突变信息，但无法鉴别由干扰噪声等因素引起的突变变化较小的信息。在频谱曲线中，还可以观察到某些突变时刻信息，如脉冲波宽谱信息。但是这一类特征谱线信号并无法提供具体的突变时间。EMD 方法可以对信号进行去噪，从而使得经过希尔伯特变换(Hilbert Transform)后的瞬时特征频谱更具物理含义。在信号测量中，人们可以通过 EMD 分析各模态的瞬时频谱的变异曲线，来定位频谱出现突变的时间，以便测定信道中的突变点和异常干扰。

(2) 生物医学信号处理中的应用

一般的生物医学信号处理方法大多是以傅里叶理论为依据。而傅里叶信号处理方法在信息频谱研究领域和相关联的数据压缩、数据测量、滤波等信息处理方面，几乎无可替代。但由于傅里叶变换的积分范围是由正无穷至负无穷的，因此并不能求得信息在某一时间内的频率信息。而小波变换则因为其出色的时频分析功能以及能处理非稳定随机信息的功能，成了研究生物医学信息的一个有效的手段。EMD 方法因其在研究不确定性和非平稳性信息时所显示出来的优异的适应性，也在生物医学信号处理中得到了广泛的应用，如心电图信号分析、血压信号去噪、心跳信号分析等。

心电信号是一种普遍的一维信号，它存在着诸如基线漂移之类的噪声干扰，其保真度对医学诊断非常重要，要在确保信息波浪状特征和电位变换均不失真的情况下，最大限度地消除漂移影响，为今后的治疗选择特征点清晰且能实时反映病人心电行为的心电信号。

(3) 机械故障诊断中的应用

在以振动信息作为状态参数的装置测试与故障诊断过程中，由于装置运行速率的不平衡，以及装置故障所产生的冲击，而使振动信息产生了非线性、非均衡的特征。在这种情形下，传统的对平滑、直线信息数据进行处理的方式已开始逐渐失灵。EMD 方法很适合用于非稳定、非线性的信息，这也确定了它在设备检测与故障诊断等领域中的适应性。国内外的许多学者对 EMD 方法已有较好的运用，他们将该方法用于各类故障的诊断和故障设备的状态分析中。

(4) 趋势项提取和消除的应用

趋势项是反映整个信号发展趋势的一种指标，因此提取和去除信号处理中的趋势项是一维信号处理中的关键部分。当对信息进行分类处理时，一旦出现了趋势项，就会使得时域上的相关操作以及对频域上功率谱的计算产生很大误差，更严重的时候会使得谱估计在低频分量处不具备实际的物理含义。虽然 EMD 是通过一个趋势项获取与消除信息的有效方式，但是由于它没有任何先验知识，对信息的分类也毫无影响，因此利用较传统的方式包括最小二乘拟合法、滑动平均法和低通滤波法等方式可以更加高效地获取、去除信息中的趋势项。

(5) 毫米波雷达回波去噪的应用

过去的雷达测量技术只能够测定目标的方位、速度、加速度及其他的运行轨迹，但由于近代战争的演变特点，人类早已不满足于掌握目标的定位和运行数据，而是去获取更多的相关目标运动数据，进而推理出总体目标的外形、尺寸、材质及其表面物理性质特征，从而达到确定目标的目的。雷达的表面特征信息，是指雷达所发出的电磁波及其与雷达目标作用而形成的各类数据，它被载在目标辐射回波上，主要被用来推求其外形、尺寸、位置、表面结构中的电磁参数和表面粗糙度等物理量，以便完成对远距离工作目标的定位、判断和确定。当目标辐射电磁波的带宽导致其时间分析单位远远低于目标的径向长度时，总体目标先后占用了若干个时间单位，从而产生了一个可以在总体目标视觉位置上投影的带有水平起伏特征的目标振幅图像，这就是反映目标细微结构特性的一维距离图像，可以利用小波降噪技术对一维距离图像进行降噪和特征提取。

4.2 一维信号向量数据特征表示

4.2.1 引言

无论是计算机还是人类，在进行数据的鉴别与排序的同时都必须先考虑分析对象的信息价值和选择具有意义的信息。特征提取和选择都是模式分析与识别中的基础问题。所谓图像的选择，也就是指对图像集的某种变换产生多个特征，从中选择有意义的特征。特征提取是指依据特定的标准，在资料集合中选取一个子集进行分类，使特征维数大为减少。

特征提取与选择是一种高效的信息处理方法，也是一种有效地实现目标识别的手段。一维信号矢量数据的特征表达具有重要的意义，特征提取与选择可以减少特征空间的维数，并且可以提取出有效的特征，从而最大限度地减少原始信息的损失。此外，特征提取和特征选择并无显著差异，且无特定的操作顺序，可灵活运用。

一维信号向量数据特征表示也有许多具体应用，基于一维高分辨率距离像的目标识别方法研究，已成为现代雷达目标辨识技术的新潮流。总体目标的一维距离像是其中心在雷达径向间距轴上的投影图像，是在高频区雷达目标辨识所必须依靠的最基础的目标特性。它除了表现出目标多发散中心在雷达径向间距轴上的投射状态外，还包括了更精确的几何形态结构特征，如散射中心的数量、空间分布规律、散射截面分布、径向长度等。本节将从定义、方法、应用等多方面介绍一维信号向量数据的特征表示。

4.2.2　定义

一维信号是指只有一个维度的信号，在模式分类、聚类与回归中常以向量数据的形式表现。在模式识别领域，通常将一个研究对象的 n 个特征值或测量值作为一个整体考虑，即构成一个特征向量。所有对象的特征向量组成了特征空间。这些特征向量反映了研究对象的主要特征并作为研究对象的代表被输入模式分类、聚类或回归算法中进行处理，最终得到想要的结果。

一个数据样本可能有表征其特点的多个特征，正确选取有用的特征才能在接下来的模式分类、聚类或回归算法中发挥很好的作用，通常采用滤波、包裹和嵌入等算法进行特征提取。滤波算法通过对各个特征的分散程度或相关性进行评分，设置阈值或要选择的阈值数目，再提取特征。包裹算法根据目标函数（通常是预测分数）每次选择或排除一些特征。在嵌入式系统中引入了一系列的机器学习算法和模型，以求出各特征的权重系数，并按其大小选取不同的特征。这些算法与滤波算法相似，但其优、缺点由训练数据决定。

当然，在特征向量输入模式分类算法之前，需要进行一些预处理，主要包括特征的归一化和标准化、异常特征清洗与样本类别数量不均衡处理等。对于特征的标准化与归一化问题，常用的归一化方法有 z-score 标准化法、max-min 标准化法、L1/L2 范数标准化法等。一般可以通过聚类和异常点检测方法来过滤掉异常样本。当数据集中各类样本的数量不均衡时，通常通过权重法和采样法来维持各类样本数量的相对均衡。

4.2.3　常见的理论方法

本书将介绍如下七种重要的特征处理方法。

1）主成分分析法（PCA）

主成分分析是一种非常流行的数据降维方法。PCA 将高维数据投影到方差最大的若干个线性正交子空间上。设原始数据空间中有 n 个样本点 x_i，$x_i \in \mathbf{R}^n$，首先计算样本均值：

$$\tilde{x} = \frac{1}{n}\sum_{i=1}^{n} x_i$$

得到样本均值之后，采用 PCA 对所有样本做中心化处理：

$$\tilde{x}_i = x_i - \tilde{x}$$

由所有去中心化后的样本点构成数据矩阵 $\boldsymbol{X}$，$\boldsymbol{X} \in \mathbf{R}_n \times N$，$\boldsymbol{X}$ 的每一行对应一个去中心化后的样本点。为了把原始数据从 N 维降到 D 维($D<N$)，从而得到降维后的数据矩阵 $\boldsymbol{Y} \in \mathbf{R}_n \times D$，PCA 会去寻找 D 个投影方向，使得原始数据向这些方向投影后方差最大。由于 PCA 投影得到的子空间最大限度地保留了数据的方差，因此 PCA 对于数据表示来说是最优的。通常来说，数据中那些重要的结构往往具有比较大的方差，而数据中的噪声则往往方差较小，这个说法虽然不完全正确，但是 PCA 确实是对方差更大的结构更感兴趣，而忽略那些方差较小的"噪声"方向。由 PCA 得到的投影向量被称为主元，这些主元是相互正交的。通过这些主元，原始数据线性地变换到了低维数据空间，而且使投影到低维空间的数据保持一定程度的成分独立性。

2）奇异值分解

奇异值分解法通过选取奇异值的特征来实现数据降维和特征提取，奇异值通常具备以下两个主要特征：

(1) 矩阵的奇异值通常具有相当高的稳定性，当矩阵中的成分出现微小的变动时，奇异值的变动也极小。

(2) 奇异值是矩阵所固有的性质。矩阵奇异值具有负荷模式辨识中特征所需要的稳定性和自旋、数量等不变性，这也是一种很有效的模型特性，并由于奇异值是矩阵固有的特性，因此能够更合理地表达矩阵的特征性质。

3）基于张量分解的特征提取方法

一维信号的特征提取一直是研究的热点，而降维是特征提取中的重点。在脑电、心电等常见一维信号中，基于张量分解的特征提取方法是信号特征提取的有效方法。现假设有心电的 3 阶张量数据集 $X \in \mathbf{R}_{I_1 \times I_2 \times I_3}$，这样的心电张量虽然包含很多有价值的信息，但同时也包含较多的冗余信息，可以模仿向量空间的降维方法来去除冗余信息，寻找一些投影因子将较高维度的张量投影成较低维度的张量。

4）傅里叶变换

对于一维距离像的平移敏感性，学者们已经提供了许多办法弥补其缺陷。雷达和目标物体相对位置的变化主要反映在对一维距离像的平移上，而对一维距离像的平移变换主要表现在距离像的时延上，因此基于傅里叶变换的模具有平移不变性原理，对一维距离像进行傅里叶变换，并取傅里叶变换的模值，以其为最理想的特征矢量可以达到良好的效果。其具体方法如下：

设一幅一维距离像为 $X=(x_0, x_1, \cdots, x_{N-1})$，那么其对应的离散傅里叶变换为：

$$X(k) = \sum_{n=0}^{N-1} x_n W_N^{kn}, \ 0 \leqslant k \leqslant N-1 \tag{4-2-1}$$

经过延迟平移变换为：

$$X'(k) = \sum_{n=0}^{N-1} x(n-r) W_N^{kn} = X(k) W_N^{rn}, \ 0 \leqslant k \leqslant N-1 \tag{4-2-2}$$

可以得出：

$$X'(k)=X(k)W_N^{rn}$$
$$|X'(k)|=|X(k)|$$

从中可以发现，对平移前后的傅里叶变换值都取模去掉了相位因子，从而保持了平移不可变。所以取平移前后每一维距离像的傅里叶变换的幅值，即可求得距离像的平移不变特征量。

5）双谱特征提取

傅里叶变换所去除的相位信息涵盖了其大部分的尺度和特征，所获得的一维距离像特征的类间模式的趋同特征，是以损失频谱的全部相位数据为代价的。而高阶谱不仅具有平移不变性，而且能够保留部分相位信息。双谱特征提取法是运用较为广泛的一种高阶谱特征提取方法，与频谱幅度不同，它保留了除线性相位以外的所有相位信息，而且对任意对称分布的噪声不敏感。此方法通过对 $x(t)$ 和发生平移后 $x(t-r)$ 进行比较，发现在双谱变换后，线性相位因子 $e^{-j\omega r}$ 被抑制掉，使得 $x(t)$ 和 $x(t-r)$ 的双谱完全相等。然而，$X_r(\omega)$ 的高次相位在双谱中并未被抑制掉，因此它含有比傅里叶变换幅度更丰富的目标信息。

信号双谱变换是指与信息的三阶相关的变换，对一个长距离像差进行双谱变换，其维数即为原信号维数的平方，这样将产生很大的信息存储和运算压力。所以，对一个短距离像差所获得的双谱特性，直接从双谱域进行目标识别并不具有合理性。为使双谱的特点都具有效用以进行目标辨识，学者们给出了对双谱域降维特征进行选择的方法，包含径向微分双谱、轴向微分双谱以及圆周微分双谱等方法。而奇异值分析法将转换后的双谱特性视为一种矩阵，在通过奇异值分析后，可以使用稳定性较高的奇异值向量作为供辨识的样本特征。

6）时域特征提取

时域分析法是最常见的一种研究传统脑电信号的方法，其特点是能在时域中对大脑电信号进行研究，因为较为简单，经常被用来对脑电信号进行分析研究。此处介绍时域分析法提取的多个脑电信号的数学统计参数，这些参数将作为脑电信号的基本时域特征。

记一个脑电通道对应的脑电信号序列为 $X(t)$。

（1）波动指数：$F=\frac{1}{n}\sum_{t=0}^{n-1}|X(t+1)-X(t)|$

（2）变化系数：$V_c=\frac{\sigma^2}{\mu^2}$

式中：$\mu=\frac{1}{T}\sum_{t=1}^{T}X(t)$；$\sigma=\sqrt{\frac{1}{T}\sum_{t=1}^{T}[X(t)-\mu]^2}$。

Hjorth 参数是 Hjorth 提出的一种时域特征，共包括三个参数：活动性（activity）、移动性（mobility）和复杂度（complexity），分别描述脑电信号 $X(t)$ 在时域上的幅度、斜率及斜率变化率三个特性。

$$activity=\frac{1}{T}\sum_{t=0}^{T-1}[X(t)-\mu]^2$$

$$mobility=\sqrt{\frac{activity\left[\frac{\mathrm{d}(X(t))}{\mathrm{d}t}\right]}{activity(X(t))}} \tag{4-2-3}$$

$$complexity=\frac{mobility\left[\frac{\mathrm{d}(X(t))}{\mathrm{d}t}\right]}{mobility(X(t))}$$

7) EMD

经验模态法(EMD)能针对数据时域上的不同局部特征和瞬时特征，将非线性、非平稳信号分解为多个固有模态函数(Intrinsic Mode Function，IMF)分量和一个趋势项(也可称为残差)。这些固有模态函数本质上是包含了原始信号中不同频率尺度特征的稳态振荡信号序列。而将分解出来的 IMF 分量和趋势项进行叠加就得到原始信号，所以 EMD 算法就是将各个频率尺度不同的 IMF 分量隔离开使得它们之间互不影响，从而减小非平稳性，以便于后续信号处理的方法。

EMD 算法就是将一个数据序列 $X(t)$ 中的波动或趋势自适应地分解成 M 个固有模态函数 $d(t)$ 和趋势项 $r_M(t)$ 的加和，其公式如下：

$$X(t)=\sum_{i=1}^{M}d_i(t)+r_M(t)$$

EMD 分解方法基本思想如下：

对于原始信号 $X(t)$，首先要做的是找到给定信号 $X(t)$ 的所有极值点，包括信号的极大值点 $X(t_i)$ 和极小值点 $X(t_j)$；其次对所有极大值点和所有极小值点分别进行三次样条插值，得到信号的上包络 $e_{\max}(t)$ 和下包络 $e_{\min}(t)$；最后对上下包络线求均值得到均值包络线 $m_{11}(t)$，此时再用原始信号 $X(t)$ 减去该均值包络线 $m_{11}(t)$，得到新信号

$$d_{11}(t)=X(t)-m_{11}(t)$$

在得到新信号后需按照如下两个条件来判断其是否是一个 IMF：

(1) 在整个数据段内，极值点的个数(极大值与极小值的个数和)和过零点的个数必须相等或相差最多不能超过一个。

(2) 在数据段的任意一处，由极大、极小值点获得的包络线的均值在信号数据序列的任意一点处为零，即上下包络线相对于时间轴局部对称。用连续两次迭代得到的 $d_{1(p-1)}(t)$ 和 $d_{1p}(t)$ 的归一化均方差来判断 $d_{1p}(t)$ 是否是 IMF 分量，判断公式如下：

$$SD=\sum_{t=1}^{N}\left[\frac{|d_{1(p-1)}(t)-d_{1p}(t)|^2}{d_{1(p-1)}^2(t)}\right] \tag{4-2-4}$$

式中：N 表示原始信号的采样点数；p 表示某次筛选 IMF 过程中的第 p 次迭代；SD 的值一般应该在 0.2～0.3 之间。该方法只是一种经验性方法，与 IMF 的实际定义并无关联，所以实际应用中也要慎重使用。

通常来讲，$d_{11}(t)$不会直接是 IMF 分量，因此需要用 $d_{11}(t)$代替信号 $X(t)$，继续如上的迭代过程，直到出现符合 IMF 判断准则的 $d_{1p}(t)$，此时可认为$d_{1p}(t)$是分解过程中提取出来的第 1 个固有模态函数分量。之后就使用原始信号 $X(t)$减去提取出来的 IMF 分量 $d_{1p}(t)$，得到高频残差信号 $r_1(t)$。至此，第一个 IMF 分量提取结束，接着对高频残差信号 $r_1(t)$按照上述流程进行下一个 IMF 分量的提取，得到第二个 IMF 分量和第二个高频残差信号……重复上述 IMF 分量筛选过程，直到第 M 个残差信号是单调函数，此时认为残差信号中不再含有 IMF 分量。

4.2.4　向量数据特征显示优缺点

傅里叶变换中由于正弦曲线长度必须是无穷的，因此要求被分析的信息也必须具备从负无穷到正无穷都有意义的特征，这就使得傅里叶变换并不能很好地处理某些局部信息。如果一个信号在局部区域内具有非零值，在其他任何区域内都为零，那么它的频谱就会处于一个相当混沌的状态。这时，频域信号的分析反而没有时域分析直观，因此频率解析就显得非常困难了，而小波变换则弥补了上述缺点。

近年来，小波变换已成为对数据、图像等信息研究中不可或缺的实用工具之一，其实质就是对原始信息进行滤波处理。与傅里叶变换相比，小波变换最大的优点在于对数据信息可以实现随意地放大平移或对其加以特征提取。对复杂数据进行小波变换，以进行高分辨率研究，在信息处理研究方面一直占有着非常重要的地位。小波函数是不具备唯一性的，选取最优的小波函数是小波应用中一个十分重要的问题。

小波方差是基于多分辨率信息的一种有效特征度量，它能够表示各种尺度的频率特性，不需要直接计算大量的小波系数，而只是构建在挖掘的信息之上。另外，小波方差具有含义清楚、计算简便、对噪声不敏感性等优势。

EMD 方法的主要问题就是缺乏一种适用于计算的数学模型，所以，对于 EMD 来说还缺乏严谨的数理基础，该方法在许多方面，如收敛性、唯一性、正交性、完全性等方面，都可以采用实验方式求证却又无法得到数理上的严谨求证，以致连“怎样的数据能够通过 EMD 解释”都无法解释。而对本征模态函数，则只能从窄带数据的极点和过零时的影响，以及均值的特征来加以定性描述。由于缺乏严谨的数理基础，因此尽管大量的实例都能够证明 EMD 的分析结论是直接合理的，但其理论基础还需进一步完善。

此外，EMD 具有数据驱动的适应性、非线性和非平稳信号的分析能力，以及摆脱 Heisenberg 测不准原理的自由等优势。EMD 在非线性和非平稳信号分析方面具有显著优势。与传统的时频分析技术相比，EMD 不需要选择基函数，其分解基于信号本身的极值点分布。

然而，基于筛选算法从 EMD 获得的 IMF 分量存在模式混叠。模式混叠的出现不仅会导致错误的时频分布，而且会使 IMF 失去物理意义。算法本身并没有完善的物理支持，在具体算法设计和使用上也面临着诸多缺陷，如模态混合、端点效应、筛分迭代停止标准等。

通常，每个本征模函数仅包含一个频率分量，并且不存在模混合现象。但是，当信号出现间歇性时，由于时间异常，EMD 分解结果会出现模态混叠。

习　题

1. 请列举一维信号向量数据常见的去噪理论方法。
2. 请简述向量数据信号去噪的优缺点。
3. 请列举一些一维信号向量数据特征表示常见的理论方法。
4. 请简述向量数据特征显示的优缺点。
5. 请写出傅里叶变换及傅里叶逆变换的公式及定义。
6. 求下列各式的傅里叶变换：

(1) $F\left[\frac{1}{t^2+1}\right]$；

(2) $F\left[\frac{1}{t}\right]$；

(3) $F\left[\frac{\cos \omega_0 t}{t}\right]$；

(4) $F[t]$。

7. 求频谱函数 $F(\mathrm{j}\omega)=\frac{1}{\mathrm{j}\omega+1}$ 的傅里叶逆变换函数 $f(t)$。

第5章　二维信号智能处理

5.1　二维信号矩阵数据去噪

5.1.1　简介

由于数位设备的应用，数位图像已成为人们获取信息的重要方式。然而在图像采集、处理、压缩、传输、保存以及复制的过程中，必然因噪声而影响图像质量。滤除图像中的随机噪声是图像去噪的主要目标，其要求是实现保留图像细节信息和避免因滤波而造成图像失真之间的平衡。

5.1.2　定义

在图像处理应用中，一些常见噪声的概率密度函数如下：

1）高斯噪声

高斯噪声是概率密度函数服从高斯分布的一类噪声。假如某噪声的幅度分布满足高斯分布，其功率谱密度也是均匀排列的，则称之为高斯白噪声。在空间和频域上得益于高斯噪声的易处理特性，它是图像去噪工程的主要去噪目标。高斯随机变量 z 的概率密度分布函数(Probability Distribution Function，PDF)可表示为：

$$p(z)=\frac{1}{\sqrt{2\pi}\sigma}e^{\frac{-(z-\mu)^2}{2\sigma^2}} \tag{5-1-1}$$

式中：z 为灰度值；μ 表示高斯随机变量 z 的均值；σ^2 为 z 的方差。当 z 服从上式的高斯分布时，z 有大约70%的值落在$[\mu-\sigma，\mu+\sigma]$的范围内，有大约95%的值落在$[\mu-2\sigma，\mu+2\sigma]$的范围内。

2）伽马(爱尔兰)噪声

伽马噪声的概率密度函数表达式为：

$$p(z)=\begin{cases}\dfrac{a^b z^{b-1}}{(b-1)!}e^{-az}, & z\geqslant 0\\ 0, & z<0\end{cases} \tag{5-1-2}$$

式中：b 为正整数，$a>b$。其密度 z 的均值和方差的表达式分别为：

$$\mu=\frac{b}{a},\ \sigma^2=\frac{b}{a^2}$$

出于严谨考虑，只有满足分母为伽马函数 $\Gamma(b)$ 时，式(5-1-2)才代表伽马密度，否则该密度更近似成为爱尔兰密度。

3）指数噪声

指数噪声的概率密度函数表达式为：

$$p(z)=\begin{cases}a\mathrm{e}^{-az}, & z\geqslant 0,\\ 0, & z<0,\end{cases}\quad a>0 \tag{5-1-3}$$

概率密度 z 的期望值和方差分别为：

$$\mu=\frac{1}{a},\ \sigma^2=\frac{1}{a^2}$$

4）均匀噪声

均匀噪声的概率密度函数可以表示为：

$$p(z)=\begin{cases}\dfrac{1}{b-a}, & a\leqslant z\leqslant b\\ 0, & \text{其他}\end{cases} \tag{5-1-4}$$

概率密度 z 的期望值和方差分别为：

$$\mu=\frac{a+b}{2},\ \sigma^2=\frac{(b-a)^2}{12}$$

5.1.3 常见的理论方法

1）二维主成分分析(2DPCA)

2DPCA 算法是线性模型参数估计的一种常用方法，提取出的图像特征包含了含噪图像的主要信息。设 $\boldsymbol{X}$ 表示一个 n 维的单位列向量，$\boldsymbol{A}$ 是一幅 $m\times n$ 的投影图像，将 $\boldsymbol{A}$ 投影到 $\boldsymbol{X}$ 上：

$$\boldsymbol{Y}=\boldsymbol{AX}$$

式中：$\boldsymbol{Y}$ 为图像 $\boldsymbol{A}$ 的投影特征向量，它是 m 维的。投影图像的总散布矩阵可以用来测量具有辨别率的投影向量，投影特征向量的协方差矩阵的迹能够表示投影图像的总散布矩阵，从这个观点出发，我们采用下面的准则：

$$\boldsymbol{J}(\boldsymbol{X})=\mathrm{tr}(\boldsymbol{S}_x)$$

式中：$\boldsymbol{S}_x$ 为投影特征向量 $\boldsymbol{Y}$ 的协方差矩阵；$\mathrm{tr}(\boldsymbol{S}_x)$ 表示 $\boldsymbol{S}_x$ 的迹。上式取最大值的物理意义：设法寻找到投影轴 X，使将全部的样本投影在其上时所得的每个特征矢量的总体分布矩阵都最大。协方差矩阵 $\boldsymbol{S}_x$ 可以这样表示：

$$\begin{aligned}\boldsymbol{S}_x&=\boldsymbol{E}[\boldsymbol{Y}-\boldsymbol{EY}(\boldsymbol{Y}-\boldsymbol{EY})^{\mathrm{T}}]=\boldsymbol{E}\{[\boldsymbol{AX}-\boldsymbol{E}(\boldsymbol{AX})][\boldsymbol{AX}-\boldsymbol{E}(\boldsymbol{AX})]^{\mathrm{T}}\}\\&=\boldsymbol{E}\{[(\boldsymbol{A}-\boldsymbol{EA})\boldsymbol{X}][(\boldsymbol{A}-\boldsymbol{EA})\boldsymbol{X}]^{\mathrm{T}}\}\end{aligned} \tag{5-1-5}$$

所以

$$tr(\boldsymbol{S}_x)=\boldsymbol{X}^{\mathrm{T}}\boldsymbol{E}[(\boldsymbol{A}-\boldsymbol{EA})^{\mathrm{T}}(\boldsymbol{A}-\boldsymbol{EA})]\boldsymbol{X} \tag{5-1-6}$$

在此记：

$$\boldsymbol{G}_t=\boldsymbol{E}[(\boldsymbol{A}-\boldsymbol{EA})^{\mathrm{T}}(\boldsymbol{A}-\boldsymbol{EA})] \tag{5-1-7}$$

定义矩阵 $\boldsymbol{G}_t$ 为图像的协方差矩阵(总散布矩阵),由上式易证明矩阵 $\boldsymbol{G}_t$ 是一个 $N\times N$ 的非负正定矩阵。此外,矩阵 $\boldsymbol{G}_t$ 也可以由原始训练图像样本矩阵直接计算得到。

2) 双边滤波

当信号用 N 维列向量表示时,抽样点数表示为 N。原始“真实”信号用 $\boldsymbol{X}$ 表示,通过对 $\boldsymbol{X}$ 添加均值为零的高斯白噪声 $\boldsymbol{V}$ 这一降秩过程,便可以得到观测信号 $\boldsymbol{Y}$。其可以表示为：

$$\boldsymbol{Y}=\boldsymbol{X}+\boldsymbol{V}$$

使用双边滤波来恢复原始信号 $\boldsymbol{X}$,其方法是对观测信号 $\boldsymbol{Y}$ 中像素点进行加权平均：

$$\hat{x}[k]=\frac{\sum_{n=-p}^{p}W[k,n]Y[k-n]}{\sum_{n=-p}^{p}W[k,n]} \tag{5-1-8}$$

式中:p 表示为邻域半径。上式表示对 $\boldsymbol{Y}$ 中以第 k 个抽样点为中心的大小为 $2p+1$ 的邻域点进行归一化加权平均来得到第 k 个抽样点的恢复信号。权重系数 $W[k,n]$为下述两个因子的乘积：

$$W_{\mathrm{d}}[k,n]=\mathrm{e}_d^{-d^2([k][k-n])/2\sigma^2}=\mathrm{e}_d^{-n^2/2\sigma^2}$$
$$W_{\mathrm{r}}[k,n]=\mathrm{e}_r^{-d^2(Y[k],Y[k-n])/2\sigma^2}=\mathrm{e}_r^{-(Y[k]-Y[k-n])^2/2\sigma^2} \tag{5-1-9}$$

则 $W[k,n]=W_{\mathrm{d}}[k,n]\cdot W_{\mathrm{r}}[k,n]$,其中 $d(\cdot)$表示距离度量算子。

双边滤波的权重系数包含两个分量:时间测度(二维图像信号中为空间几何测度)W_{d} 和强度测度(二维图像信号中为灰度测度)W_{r}。第一个分量表示中心点 k 与邻域点$k-n$ 之间的几何距离,此处使用了欧氏距离度量,输出贡献由邻域点与中心点之间的距离确定,距离越近,输出贡献越大。第二个分量表示中心点的强度值 $Y[k]$与邻域点的强度值 $Y[k-n]$之间的差异,同样采用欧氏距离来度量,输出贡献也同理。在实际应用时,距离度量方式和核函数因实际应用情况而异,可不必局限于欧氏距离度量与高斯函数。对于核函数而言,只要函数是对称、光滑且随测度值增加而衰减的即可。

3) 均值滤波

均值滤波的基本思路为:先选择某个图像,然后用某一像素点的邻域内所有像素点的灰度平均数来替代该像素点初始的灰度值。具体操作方法为:先选取一个窗口并让其在图片上按一定步长滑动,该窗口正中央定位点即我们所选择的操作点,将该操作点与附近像素点的灰度值求和取平均值,并将该灰度值赋给所选择的操作点,也就是说用几个像素点的灰度平均值作为某个像素点的灰度值。假设 $f(x,y)$ 是一幅 $N\times N$ 的图像，(x,y) 是其中某个像素点，S 为该像素点的邻域空间，S 中包含 M 个像素点，$g(x,y)$ 是利用均值滤波算法去噪后的图像，则：

$$g(x, y)=\frac{1}{M}\sum_{(i,j)\in S}f(x, y) \tag{5-1-10}$$

由上式可知，经过均值滤波操作处理后的图像 $g(x,y)$ 中所有像素点的灰度值，都是根据邻域范畴内每个图像点的灰度平均值确定的。该算法具有计算简单、运算速度快等优点。此外，由于使用邻域像素点的灰度平均值代替操作点的灰度值，该方法能够有效地去除被噪声影响的像素点。与此同时，它也改变了尚未被污染的像素点，会在一定程度上造成图像的模糊。

4）中值滤波

中值滤波是类似于卷积的非线性平滑滤波，常用于滤除噪声。它与均值滤波类似，也同样是利用邻域内像素点展开运算的。但其并非依靠求和取平均值，而是将所选图像某一像素点的邻域内所有像素点的灰度值，按从大到小或从小到大的顺序排列，再将这群排序中最中间的取值作为输出像素点的灰度值。

中值滤波的基本原则为：首先定义一种合适的方形域为某些中心像素点的邻域，其次对选定邻域内的各个像素点按灰度值高低加以排序，最后将该序列的中位数作为所选择的中心像素点的灰度值输出。我们将中间值进行如下定义：假设在该序列中存在奇数个像素点，则中心像素点的灰度值就应该视为输出值；假设在该序列中存在偶数个像素点，则将最中间两个像素点的灰度值的平均数作为输出值。而由于窗口是可上下滑动的，因此通过上下滑动或左右滑动就能够对画面实现平滑处理。中值滤波的基本思想可表示为下式：

$$y(n)=med[x(n-N),\cdots,x(n),\cdots,x(n+N)] \tag{5-1-11}$$

式中：$x(n-N),\cdots,x(n),\cdots,x(n+N)$ 表示待操作像素点；$med[\cdot]$ 表示将窗口内所有数值按单调顺序（从大到小或从小到大）排列后取中间值。应当注意，中值滤波操作中的阈值的选取尤为关键，如果阈值选取得合适，中值滤波就能够准确地区分并去除噪声点，同时保护图像细节信息不丢失。

5）傅里叶变换

离散傅里叶变换的出现将离散空间域和离散频率域联系了起来，该变换被广泛应用于数字信号与图像处理中。

定义二维离散信号 $\{f(x,y)\mid x=0,1,\cdots,M-1;y=0,1,\cdots,N-1\}$ 的离散傅里叶变换对为：

$$F(u, v)=\sum_{x=0}^{M-1}\sum_{y=0}^{N-1}f(x, y)e^{-j2\pi\left(\frac{ux}{M}+\frac{vy}{N}\right)} \tag{5-1-12}$$

$$f(x, y)=\frac{1}{MN}\sum_{u=0}^{M-1}\sum_{v=0}^{N-1}F(u, v)e^{j2\pi\left(\frac{ux}{M}+\frac{vy}{N}\right)} \tag{5-1-13}$$

式中：$u、x\in\{0,1,\cdots,M-1\}$，$v、y\in\{0,1,\cdots,N-1\}$。

在多数情况下，我们常常假定 $M=N$，便可以简化离散傅里叶的变换过程：

$$F(u,\ v)=\sum_{x=0}^{N-1}\sum_{y=0}^{N-1}f(x,\ y)\mathrm{e}^{-\mathrm{j}2\pi\left(\frac{ux+vy}{N}\right)} \tag{5-1-14}$$

$$F(x,\ y)=\frac{1}{N^2}\sum_{u=0}^{N-1}\sum_{v=0}^{N-1}F(u,\ v)\mathrm{e}^{\mathrm{j}2\pi\left(\frac{ux+vy}{N}\right)} \tag{5-1-15}$$

式中：$u、v、x、y\in\{0,1,\cdots,N-1\}$。

在离散傅里叶变换对中，$F(u,v)$称为离散信号 $f(x,y)$的频谱，$\varphi(u,v)$称为相位谱，而$|F(u,v)|$称为幅度谱，它们之间的关系为：

$$F(u,\ v)=|F(u,\ v)|\mathrm{e}^{\mathrm{j}\varphi(u,v)}=R(u,\ v)+\mathrm{j}I(u,\ v)$$

$$\varphi(u,\ v)=\arctan\left[\frac{I(u,\ v)}{R(u,\ v)}\right]$$

$$|F(u,\ v)|=\left[R^2(u,\ v)+I^2(u,\ v)\right]^{\frac{1}{2}}$$

值得说明的是：离散变换既是连续变换的近似，对于其本身而言又是严格的变换对。在之后的信号分析中可以直接把数字域上得到的结果作为对连续场合的解释，两者之间得到了统一。

本章讨论的信号处理都是二维情形下的，与一维变换相同，二维变换具有位移、线性、相关、尺度和卷积等性质。

下面主要讨论离散傅里叶变换在二维情况下才具有的两条性质：

(1) 可分离性

由于离散傅里叶变换的指数项（变换核）可以分解为只含 ux 和 vy 的两个指数项的积，因此二维离散傅里叶正反变换运算可以分别分解为两次一维离散傅里叶变换：

$$F(u,\ v)=\sum_{x=0}^{M-1}F(x,\ v)\mathrm{e}^{\frac{-\mathrm{j}2\pi ux}{M}}\text{，其中 } u,\ v=0,\ 1,\ \cdots,\ M-1 \tag{5-1-16}$$

$$F(x,\ v)=\sum_{y=0}^{N-1}F(x,\ y)\mathrm{e}^{\frac{-\mathrm{j}2\pi vy}{N}}\text{，其中 } v=0,\ 1,\ \cdots,\ N-1 \tag{5-1-17}$$

这一特性，便是二维变换可分离性的基本意义。

(2) 旋转不变性

引入极坐标，极坐标公式如下：

$$\begin{cases}x=r\cos\theta,\\ y=r\sin\theta,\end{cases}\quad\begin{cases}u=w\cos\varphi,\\ v=w\sin\varphi\end{cases} \tag{5-1-18}$$

则 $f(x,y)$和 $F(u,v)$分别表示为 $f(r,\theta)$和 $F(w,\varphi)$，在极坐标中，存在以下变换对：

$$f(r,\ \theta+\theta_0)\leftrightarrow F(w,\ \varphi+\theta_0)$$

即若将 $f(x,y)$在空间域旋转角度 θ_0，则 $F(u,v)$相应地也在频域中旋转同一角

度 θ_0。

因为二维离散傅里叶变换具备可分离性，所以用两个一维离散傅里叶变换就能够完成二维变换：

$$F(u, v)=F_x\{F_y[f(x, y)]\} \text{或} F(u, v)=F_y\{F_x[f(x, y)]\} \tag{5-1-19}$$

在具体应用中，x 和 y 分别与行、列坐标相对应，即：

$$F(u, v)=F_{\text{行}}\{F_{\text{列}}[f(x, y)]\}$$

上式是先对图形矩阵的各列做行的一维离散傅里叶变换，再对转换结果的各行做列的一维离散傅里叶变换。这个过程的不足之处在于进行转换时需要改下标，于是就不能用同一个(一维)转换过程，解决这一问题的方法是通过以下的过程：

$$f(x, y)\to F_{\text{列}}[f(x, y)]=F(u, y)\to F(u, y)^{\mathrm{T}}$$
$$\to F_{\text{列}}[F(u, y)^{\mathrm{T}}]=F(u, v)^{\mathrm{T}}\to F(u, v)$$

6) 基于二维小波阈值的去噪方法

1992 年，Donoho 等人首次提出了小波阈值收缩方法，该方法的步骤为：首先对含噪信号 $f(k)$ 进行小波变换，将其分解为 M 层，得到一组小波系数 $\omega_{j,k}$($\omega_{j,k}$ 为第 j 层分解后的第 k 个高频系数)；其次根据信号和噪声的不同性质，对小波系数 $\omega_{j,k}$ 进行阈值处理，从而得到小波系数 $\hat{\omega}_{j,k}$($\hat{\omega}_{j,k}$ 为第 j 层分解后的第 k 个高频系数的估计值)；最后对 $\hat{\omega}_{j,k}$ 进行重构，由此得到的重构信号 $\hat{f}(k)$ 即为去噪信号。

如何确定与选取阈值，是基于小波变换的阈值去噪方法研究的重点内容。

(1) 阈值的确定

噪声阈值的选择直接影响去噪功能，选取较小的阈值虽然能保留一些有用信息，但同时会导致噪声滤除得不够彻底；反之，如果选取的阈值较大，噪声滤除得较为成功，但同时也可能会将一些有用的高频信息过滤掉。

目前极大极小阈值准则、无偏风险估计准则、混合阈值准则和固定阈值准则等，是较常使用的阈值选取准则。对比其他阈值选取方法，固定阈值方法去噪效果优良，去噪算法简单。其基本原理为：通过小波系数数量和噪声信号的均方差，计算得到阈值。VisuShrink 方法作为一种典型的固定阈值方法，其计算公式如下：

$$T=\sigma\sqrt{2\log_2 N} \tag{5-1-20}$$

式中：N 表示信号长度；σ 表示噪声标准差。

通过分解的高频系数的绝对值的中位数来估计 σ：

$$\sigma=\frac{|\bar{\omega}_{j,k}|}{0.6475} \tag{5-1-21}$$

式中：$j=1,2,\cdots,M$；$k=1,2,\cdots,N_j$，N_j 为第 j 层分解后的高频系数个数；$\bar{\omega}_{j,k}$ 为数列 $\{\omega_{j,k}\}$ 的中位数。

（2）阈值函数的选取

传统的阈值函数从总体上可分为硬、软、半软阈值函数。硬阈值函数是将小波系数的绝对值与阈值进行比较，当其大于等于阈值时保持不变，当小于阈值时置为 0，公式可表示为：

$$\hat{\omega}_{j,k}=\begin{cases}\omega_{j,k}, & |\omega_{j,k}|\geqslant T\\ 0, & |\omega_{j,k}|<T\end{cases} \tag{5-1-22}$$

这里的 $|\omega_{j,u}|$ 为小波系数的绝对值，软阈值函数是将小波系数与阈值进行比较，当其大于阈值时返回它与阈值的差值，当其小于阈值的相反数时返回它与阈值的和，其他情况返回 0。

$$\hat{\omega}_{j,k}=\begin{cases}\omega_{j,k}-T, & |\omega_{j,k}|\geqslant T\\ 0, & \omega_{j,k}<T\\ \omega_{j,k}+T, & \omega_{j,k}\leqslant -T\end{cases} \tag{5-1-23}$$

针对硬阈值函数与软阈值函数在去噪过程中的问题，研究者们提出了一系列改进方案，例如采用基于软硬阈值函数的加权平均阈值函数，简称半软阈值函数，可表示如下：

$$\hat{\omega}_{j,k}=\begin{cases}(1-\mu)\omega_{j,k}+\mu\,\mathrm{sgn}(\omega_{j,k})(|\omega_{j,k}|-T), & |\omega_{j,k}|\geqslant T\\ 0, & |\omega_{j,k}|<T\end{cases} \tag{5-1-24}$$

$$\mu=\frac{T}{|\omega_{j,k}|}\exp\left(-\frac{|\omega_{j,k}|-T}{|\omega_{j,k}|+T}\right) \tag{5-1-25}$$

式中：μ 为加权因子。

半软阈值函数不但连续，而且在小波系数的绝对值大于阈值的小波域内有连续的高阶导数，适合用于具有连续特性的电力负荷数据的去噪处理。

5.1.4　矩阵数据去噪优缺点

1）双边滤波

双边滤波是在高斯低通滤波的基础上，借助图像的灰度变化信息来确定滤波范围，保存图像的边缘信息而去除冗杂信息。对于彩色图像，多次迭代使用还会使得颜色曲线变平，原来丰富的色彩会在平滑后映射到比较小的颜色空间上。双边滤波虽然保留了图像的边缘信息，但同时也会移除图像纹理，使得图像效果变差。

2）非局部均值滤波

非局部均值滤波将图像中的所有像素点按照一定相似率使用加权平均进行滤波。经过滤波后的图像清晰度高，同时也不会遗漏细节。根据块间的近似程度估算权重，其核心思想类似于高斯滤波：通过计算矩形窗口内所有像素点的像素值加权和，其中的权重则遵循高斯分布规律。非局部均值滤波器则利用当前滤波点的邻域块和矩形窗口内其他节点的邻域块的近似程度来估算权重，相似度越大，权重也越大。但它也有不足：相似度度量方法缺乏鲁棒性，运算复杂度也较大。

3）傅里叶变换去噪

作为转换域去噪算法，基于傅里叶变换的频域去噪方法具有算法简单、非自适应等优点。二维信号的噪声主要存在于高频中，而信息主要分布在中低频带。通常采用快速傅里叶变换(FFT)把信号转换到高频域，并对信号加载低通滤波器以达到去噪的目的。算法的优劣主要取决于截止频率的选取及滤波器特性。算法的缺点在于把分布于中高频率的画面边缘及细节信号与噪声一起消除，造成很大的滤波失真和画面模糊。

在图像去噪处理的过程中，傅里叶变换在局部频域中具有优势，而在时域中的优势并不明显，例如不能实时获得图像信号附近的状态。而基于空间域的处理方法处理时域信号能力较强，在频域中处理能力较弱。由此可知，两者都没有同时处理频域和时域信号的能力，需要进一步改进，以便更好地满足图像处理的需求。

4）小波变换

小波滤波是线性滤波器，一方面该滤波器能够去除信号中的高斯噪声污染，另一方面能在均方误差原则下实现最优化。尽管理论上该滤波器的 MSE 去噪指标达到既定目标，但视觉效果不是很好。

5.1.5 相关应用

目前，图像去噪已成为热门的研究课题。在二维信号降噪中，去噪方法侧重于盲噪声、加性白噪声以及混合噪声图像的降噪技术。图像去雾、图片分类、超分辨率等方向正成为研究热点，研究方向集中在如何处理图像去噪、物体检测与识别上。

5.2 二维信号矩阵数据特征表示

5.2.1 简介

在一种相对完备的模式识别体系中，特性的获取和技术的选择往往同时处在特征数据收集和类型识别这两个环节中。因此获取和选择特性的优劣，将会直接影响到分类器的选择和特性，该问题是整个模式识别进程的关键。而检索结果和特征提取的基本任务，就是从许多特点中寻找一个最合理的特点。原始数据所构成的空间一般称为测量空间，其常常存在因维度数量较多而导致分类器很难设计的问题。因此在设计分类器之前，将测量空间的空间特征从高维转换到低维是十分有必要的。在工程设计中把采用投射或变换等方式，用低维空间来描述数据的程序就叫做特征提取技术。投射后的特性也叫做二次特征，它是所有原始特性的一个集合，一般为线性组合。

1）时域分析

直接从时域提取信号特征是最早开发的信号特征提取方法，由于此方法更为直观，很多研究人员仍在使用这种方法。在信号研究初期，人眼观察是主要的方法，同时这也是最简单的人工时域分析。时域分析方法主要用于信号波形特征的直接提取，分析方法主要有相关性、方差、过零点分析，方差分析，峰值检测，直方图绘制，波形识别。

2）频域分析

在控制系统的研究中，频域分析法是经典的研究方法，其本质是在频域范畴中运用图释分析法评估系统的稳定性。频率特征可通过微分方程或者传递函数求得，也可以通过实验的方式测定。频域分析法并不是直接求解系统的微分方程，而只是间接地揭示了系统的时域特性，它可以很方便地揭示出系统参数对系统特性的影响，还可以更进一步说明如何进行校正。

（1）功率谱估计

功率谱估计是频域研究的重要手段之一。为了能够直观地观察信号的变化和分布，该方法将幅度随时间变化的信号转换为功率和频率谱。功率谱估计存在以下缺点：估计值的方差特性差，沿频率轴上的估计值波动剧烈，并且随着数据量的增加更加严重。针对上述缺点，可通过参数的分析技术来计算参数以得到较好的频谱分析结果。

（2）自回归参数模型谱估计

与自回归滑动平均模型（ARMA）和滑动平均模型（MA）对比，自回归模型（AR）的系数获取较为简单，因此，自回归模型在低阶自回归模型的信号分析中得到了广泛的应用。通过求解线性方程组或递推计算，可以方便地求出自回归模型的系数。首先，自回归模型需要确定最佳阶数，常用的定阶方法有最终预测误差准则（FP8）和信息论准则（AIC）。其次，求取信号估计值与数据列之间的最小均方误差并将其作为系数值。如今，自回归模型主要有如下的系数算法：莱文森-德宾（Levison-Durbin）、尤尔-沃克（Yule-Walker）、最小二乘法（Leat-Squares）等。

3）时频分析

时频分析是处理非平稳信号的一类重要方法，它将非平稳信号表示为时间和频率的二维函数，能更加直观地对其进行分析和处理。

时频分析可分为线性时频和二次型时频两种。典型的线性时频有短时傅里叶变换（STFT）、小波变换（WT）等；二次型时频也称时频分布，它可以描述信号的能量分布，典型的时频分布有 Wigner-Ville 分布（WVD）、伪 Wigner-Ville 分布（PWVD）、平滑伪 Wigner-Ville 分布（SPWVD）、Cohen 类时频分布（CTFD）、Affine 类时频分布等。

信号特征提取综合运用了物理学、数学以及工程应用学科等领域的知识，构成了信号处理和分析的基石，融合了统计分析、逼近论、信息论、调和分析等理论和方法。19 世纪初，法国科学院收到了来自法国数学家傅里叶的一份对后世有着深远影响的研究报告。该研究报告的主要内容是如何利用线性微分方程研究热扩散理论。该方法认为所有函数都可以使用一系列正弦曲线近似拟合，也就是说任何函数都可以看成是由三角函数的无限级数构成的。这一具有启示性的思想指导了后世对数学、物理的新研究，法国研究者们花了近一个世纪时间去研究傅里叶级数的收敛性、傅里叶变换以及傅里叶微分，这些概念和理论逐渐发展并成熟。就频率分析的特征信息提取方法而言，将采集到的时间信号从时域中转化到频域中并用频率的函数表示，就是傅里叶分析的意义所在。在自然界和工程技术领域，存在着大量周而复始的随时间周期性重复变化的现象，例如电子绕原子核的运动、音乐的节拍、地球的公转和自转等。

理解傅里叶分析的另一个要点在于:该分析方法可以用一系列具有更低维数的特征空间的三角函数替代周期信号,也就是说可以把密集分布在时间轴上的时序信息,用稀疏分布在时间轴上的标准信号以及谐波分量来描述,从而大大减少了特征参数的种类,对于时频信号系统以及组成单元的识别,无疑是非常有利的。

5.2.2 定义

1) 特征选择

一般来说,模式识别系统的输入数据为传感器对实物或过程进行测量所得到的数据。输入数据之中,有部分数据直接可以作为数据特征,有部分数据只有经过一些特殊处理之后才可以作为数据特征,原始特征就是由这两类数据组成的。然而有的原始特征是有用且关键的,有的原始特征是无用且多余的。例如,有些人天生体弱,疾病不断,而有些人即使抽烟酗酒却身体无碍,这大部分归结于他们不同的基因组。然而人类基因组上大约有300万个单核苷酸多态性,到底有什么单核苷酸多态性对疾病最有意义?其实只是其中的极少一部分特征单核苷酸多态性与其有关联,而其他单核苷酸多态性对识别基因中的分类特征意义不大,因此在研究此类基因组的时候应该将其去除。筛选所有有意义的关联单核苷酸多态性信息的步骤叫做特征选择,也叫做特征压缩。

我们可以这样描述特征选择的过程,将 N 维特征矢量$\boldsymbol{X}=(x_1,x_2,\cdots,x_N)^{\mathrm{T}}$ 当作原始特征,从原始特征中寻找出 M 个特征,并利用这 M 个特征构成新的特征矢量 $\boldsymbol{Y}=(x_1,x_2,\cdots,x_M)^{\mathrm{T}}$,其中 $M<N$。

2) 特征提取

特征提取是从信号中获取信息的过程,是模式识别、智能系统和机械故障诊断等诸多领域的基础和关键。特征提取广泛的适用性使之在诸如语音分析、图像识别、地质勘测、气象预报、生物工程、材料探伤、军事目标识别、机械故障诊断等几乎所有的科学分支和工程领域都得到了十分广泛的应用。

例如,某些物体的长与宽之间存在某些关系,物体的宽度有时随着它的长度的增加而增加,有时又随着它的长度的增加而减小。然而无论是正相关,还是负相关,这些数据的特征向量不一定相互独立存在,可能存在某种相关性。如果它们之间存在关联,人们就能够利用相应的变换方法去消除这些关联。

特征提取的过程,即选取某个变量并定义为该数据的特征属性的过程。特征提取可以描述为:对特征矢量 $\boldsymbol{X}=(x_1,x_2,\cdots,x_N)^{\mathrm{T}}$ 施行变换 $y_i=h_i(\boldsymbol{X}),i=1,2,\cdots,M,M<N$,从而产生降维的特征矢量 $\boldsymbol{Y}=(x_1,x_2,\cdots,x_M)^{\mathrm{T}}$。

3) 两者的关系

在构建一个实际系统的过程中,既可以同时进行特征选择和特征提取,也可以分别完成。例如,为了滤除不重要的特征,首先进行特征选择。值得注意的一个降低成本的小技巧:如若不需要提取特征,就不必安装相关特征的传感器。为了减少特征的维度数量,需要对数据进行特征提取,然后再通过采集之后的数据特征来重新建立分类器。

5.2.3　常见的理论方法

1）傅里叶分析

二维的傅里叶变换在数学中的定义为：

$$F(u, v)=\int_{-\infty}^{+\infty}\int_{-\infty}^{+\infty} f(x, y)\mathrm{e}^{-\mathrm{j}2\pi(ux+vy)}\,\mathrm{d}x\,\mathrm{d}y \tag{5-2-1}$$

式中：$\mathrm{j}=\sqrt{-1}$。相反，给定 $F(u,v)$，通过傅里叶变换可求得

$$f(x, y)=\int_{-\infty}^{+\infty}\int_{-\infty}^{+\infty} F(u, v)\mathrm{e}^{\mathrm{j}2\pi(ux+vy)}\,\mathrm{d}u\,\mathrm{d}v$$

此外，对一个实函数进行傅里叶变换，得到的往往是复数，即：

$$F(u, v)=F_{\mathrm{r}}(u, v)+\mathrm{j}F_{\mathrm{i}}(u, v)$$

式中：$F_{\mathrm{r}}(u,v)$和 $F_{\mathrm{i}}(u,v)$分别代表的是 $F(u,v)$的实部和虚部。在对复数的分析中，有时候用极坐标代表 $F(u,v)$比较容易：

$$F(u, v)=|F(u, v)|\mathrm{e}^{\mathrm{j}\varphi(u, v)} \tag{5-2-2}$$

其中，

$$|F(u, v)|=[F_{\mathrm{r}}^2(u, v)+F_{\mathrm{i}}^2(u, v)]^{1/2} \tag{5-2-3}$$

上式即为傅里叶变换的幅度或频率谱，同时：

$$\varphi(u, v)=\arctan\left[\frac{F_{\mathrm{i}}(u, v)}{F_{\mathrm{r}}(u, v)}\right] \tag{5-2-4}$$

上式即为变换的相位角或相位谱的计算公式。

另外一种常见的概念称为功率谱也叫做谱密度，它可以定义为傅里叶变换的平方：

$$P(u, v)=|F(u, v)|^2=F_{\mathrm{i}}^2(u, v)+F_{\mathrm{i}}^2(u, v) \tag{5-2-5}$$

在图像处理中，通常使用的是二维傅里叶变换的离散形式。一个大小为 $M\times N$ 的图像 I 的离散傅里叶变换由下式给出：

$$F(u, v)=\sum_{m=0}^{M-1}\sum_{n=0}^{N-1} I(m, n)\cdot \mathrm{e}^{-\mathrm{j}2\pi\left(\frac{um}{M}+\frac{vn}{N}\right)} \tag{5-2-6}$$

式中：$u=0,1,2,\cdots,M-1$；$v=0,1,2,\cdots,N-1$；$I(m,n)$表示图像矩阵中第 m 行第 n 列的像素灰度值。同样，给定 $F(u,v)$，可以通过傅里叶逆变换获得

$$I(m, n)=\frac{1}{MN}\sum_{u=0}^{M-1}\sum_{v=0}^{N-1} F(u, v)\mathrm{e}^{\mathrm{j}2\pi\left(\frac{um}{M}+\frac{vn}{N}\right)} \tag{5-2-7}$$

式中：$m=0,1,2,\cdots,M-1$；$n=0,1,2,\cdots,N-1$；μ 和 v 是频率变量；m 和 n 是空间或图像变量。

直接对图像进行傅里叶变换得到的功率谱图，图中的四个角是其低频部分，在中间的

是其高频部分。为分析方便，人们通常希望把原功率谱图像的频率点(0,0)都转换到原图像的中央，即原图像的中央部分都是低频区域，这就必须对所获得的原功率谱图像做一坐标转换。实际操作中，根据傅里叶变换的位移特性可以得出：在进行二维离散傅里叶变换前，将原图像的每一个像素 $I(m,n)$ 都乘 $(-1)^{m+n}$，之后再进行傅里叶变换，这样获得的原功率谱图像是可以进行坐标转换的。

傅里叶变换在进行图像处理时的一些有用性质：

(1) 直流成分由功率谱图的中心 $P(0,0)$ 表示，其代表着空间图像的平均灰度；倘若将图像中心点(0,0)定义为原点，则在半径 r 上的某一频率点的像素点对应于原图像上频率成分相同而不同取向的像素点。r 越小，代表的频率越低；同一半径方向上的频率点与原图像上取向相同但频率成分不同的像素点相对应。

(2) 功率谱图 $|F(u,v)|^2$ 完全对称于原点。

(3) 图像 $\boldsymbol{I}$ 平移 (a,b) 后，其傅里叶变换只有相位发生变化，功率谱不发生变化。

(4) 图像 $\boldsymbol{I}_1$ 和 $\boldsymbol{I}_2$ 的卷积为 $\boldsymbol{I}_3=\boldsymbol{I}_1*\boldsymbol{I}_2$，而 $\boldsymbol{I}_1$ 和 $\boldsymbol{I}_2$ 各自的傅里叶变换 $\boldsymbol{F}_1$ 和 $\boldsymbol{F}_2$ 的乘积为 I_3 的傅里叶变换 $\boldsymbol{F}_3$，即 $\boldsymbol{F}_3=\boldsymbol{F}_1\boldsymbol{F}_2$。

(5) 将 $\boldsymbol{I}$ 看作一幅图像，大小为 $M\times N$，(u_1,u_2) 和 (v_1,v_2) 是 (x,y) 的频率，d_1 代表横向周期，d_2 代表纵向周期，则有：

$$\begin{cases} d_1\cdot\Delta x\cdot u_1\cdot\Delta u=1, \\ d_2\cdot\Delta y\cdot v_2\cdot\Delta v=1 \end{cases}$$

式中：Δx、Δu 是空间域的采样间距；Δy、Δv 是频率域的采样间距：

$$\begin{cases} \Delta u=1/(M\Delta x) \\ \Delta v=1/(N\Delta y) \end{cases}$$

因此推出：

$$d_1=M/u_1,\ d_2=N/v_2$$

2) 奇异值特征提取

对于每一个实对称方阵，都可以通过正交变换最终转化为对角阵。对于矩阵 $\boldsymbol{A}_{m\times n}$ 来说，可利用奇异值分解将其转化为对角阵。

假设 $\boldsymbol{A}_{m\times n}$ 是实矩阵，那么对角阵 $\boldsymbol{\Sigma}_{m\times n}$ 以及两个正交矩阵 $\boldsymbol{U}_{m\times n}$ 和 $\boldsymbol{V}_{m\times n}$ 满足下式：

$$\boldsymbol{A}=\boldsymbol{U}\boldsymbol{\Sigma}\boldsymbol{V}^{\mathrm{T}} \tag{5-2-8}$$

式中：$\boldsymbol{\Sigma}=\mathrm{diag}(\lambda_1,\lambda_2,\lambda_3,\cdots,\lambda_k,0)$，$\lambda_1\geqslant\lambda_2\geqslant\lambda_3\geqslant\cdots\geqslant\lambda_k$；$\boldsymbol{U}=(\boldsymbol{u}_1,\boldsymbol{u}_2,\cdots,\boldsymbol{u}_k,\boldsymbol{u}_{k+1},\cdots,\boldsymbol{u}_m)$；$\boldsymbol{V}=(\boldsymbol{v}_1,\boldsymbol{v}_2,\cdots,\boldsymbol{v}_k,\boldsymbol{v}_{k+1},\cdots,\boldsymbol{v}_n)$。

$\lambda_i^2(i=1,2,\cdots,k)$ 是 $\boldsymbol{A}\boldsymbol{A}^{\mathrm{T}}$ 并且也是 $\boldsymbol{A}^{\mathrm{T}}\boldsymbol{A}$ 的特征根，λ_i 称为 $\boldsymbol{A}$ 的奇异值。$\boldsymbol{u}_i$、$\boldsymbol{v}_i(i=1,2,\cdots,k)$ 分别是 $\boldsymbol{A}\boldsymbol{A}^{\mathrm{T}}$ 和 $\boldsymbol{A}^{\mathrm{T}}\boldsymbol{A}$ 的对应于 λ_i^2 的特征向量。$\boldsymbol{u}_i(i=k+1,\cdots,m)$ 是为了表达方便而引入的 $(m-k)$ 个列向量，可以假设它是 $\boldsymbol{A}\boldsymbol{A}^{\mathrm{T}}$ 对应于 $\lambda=0$ 的特征向量。同样，$\boldsymbol{v}_i(i=k+1,\cdots,n)$ 可设为 $\boldsymbol{A}^{\mathrm{T}}\boldsymbol{A}$ 对应于 $\lambda=0$ 的特征向量。

$$A=\sum_{i=1}^{k}\lambda_i u_i v_i^{\mathrm{T}}$$

若把一幅图像用矩阵 $\boldsymbol{A}$ 表示，上式表达的意义就是正交分解该图像。将矩阵 $\boldsymbol{\Sigma}$ 中主对角线上的奇异值元素 λ_i 连同剩余的 $(n-k)$ 个 0 构成一个 n 维列向量。

$$\boldsymbol{x}_{n\times 1}=\boldsymbol{\Sigma e}=(\lambda_1,\ \cdots,\ \lambda_k,\ 0,\ \cdots,\ 0)^{\mathrm{T}}$$

式中：列向量 $\boldsymbol{e}=(1,1,\cdots,1)_{s\times 1}^{\mathrm{T}}$。

称 $\boldsymbol{X}_{n\times 1}$ 为 $\boldsymbol{A}$ 的奇异值特征向量，对于任何一个实矩阵 $\boldsymbol{A}$，在 $\lambda_1,\cdots,\lambda_k$ 的约束限制下，奇异值分解式中，奇异值对角矩阵 $\boldsymbol{\Sigma}$ 是唯一的。因此原图像 $\boldsymbol{A}$ 对应于唯一的 SV 特征向量。

3）主成分分析

主成分分析(PCA)是一种较为常用的特征筛选方法，它可以对原始的多个指标进行计算从而得到可以反映大部分原始数据的少量指标。它的原理为：以空间的形式呈现样本点，将这些样本点正交投影至低维线性空间上，这个线性空间被称为子空间，使得投影数据的方差被最大化，从而提取样本的重要特征。从概率论的角度考虑，如果样本点的方差等于零，那么该样本点对后续计算就没有任何意义，但是当其不为零时，方差越大，对后续计算就越起作用。经过主成分分析后得到的特征之间是没有任何相关性的，因此我们也可以用主成分分析方法降低数据特征之间的相关性。主成分是按照方差多少来进行排名的，方差越大，排序时越靠前，方差靠后的主成分被认为是噪声，因为其包含的信息量较少。在进行特征筛选的时候会将这些排序靠后的主成分删除，这样也就达到了特征降维的目的。

假设 p 个变量构成一个样本，且一共有 n 个样本，由此可以构成一个数据 $n\times p$ 矩阵：

$$\boldsymbol{X}=\begin{pmatrix} x_{11} & x_{12} & \cdots & x_{1p} \\ x_{21} & x_{22} & \cdots & x_{2p} \\ \vdots & \vdots & \ddots & \vdots \\ x_{n1} & x_{n2} & \cdots & x_{np} \end{pmatrix} \tag{5-2-9}$$

实际问题中用 p 个变量 $\boldsymbol{X}_1,\boldsymbol{X}_2,\cdots,\boldsymbol{X}_p$ 表示考察对象，取考察对象的 n 个样本，得到上述矩阵，当 p 较大时，在 p 维空间中考察问题比较麻烦。进行降维处理可以解决这类问题，即将原来较多的变量指标用较少的几个综合指标表示。此操作能够保证在使用更少的变量指标的同时，保证变量之间彼此独立，又能保证这些新变量尽可能地反映原来较多变量指标所反映的信息。

定义：记 $\boldsymbol{X}_1,\boldsymbol{X}_2,\cdots,\boldsymbol{X}_p$ 为原变量指标，$\boldsymbol{Z}_1,\boldsymbol{Z}_2,\cdots,\boldsymbol{Z}_m(m\leqslant p)$ 为新变量指标：

$$\begin{cases} \boldsymbol{Z}_1=l_{11}\boldsymbol{X}_1+l_{12}\boldsymbol{X}_2+\cdots+l_{1p}\boldsymbol{X}_p \\ \boldsymbol{Z}_2=l_{21}\boldsymbol{X}_1+l_{22}\boldsymbol{X}_2+\cdots+l_{2p}\boldsymbol{X}_p \\ \qquad\cdots\cdots \\ \boldsymbol{Z}_m=l_{m1}\boldsymbol{X}_1+l_{m2}\boldsymbol{X}_2+\cdots+l_{mp}\boldsymbol{X}_p \end{cases} \tag{5-2-10}$$

系数的确定原则如下：

(1) $\boldsymbol{Z}_1$ 与 $\boldsymbol{Z}_2$ 不相关。

(2) $\boldsymbol{Z}_i(i=1,2,\cdots,m)$ 的每一项均是 $\boldsymbol{X}_k(k=1,2,\cdots,p)$ 的所有线性组合中方差最大的，$\boldsymbol{Z}_i(i=1,2,\cdots,m)$ 称为原变量的指标 $\boldsymbol{X}_k(k=1,2,\cdots,p)$ 的第 i 个主成分。

4）基于 Gabor 变换的人脸特征提取

将一个窗口函数加入傅里叶变换中，该窗口函数的作用是对数据进行时域与频域的分析，这表明 Gabor 变换本质上是一种短时傅里叶变换方法。倘若设定该窗口函数为高斯函数，则此变换称为 Gabor 变换。

一般来说，我们采用二维的 Gabor 变换 $g(x,y)$，公式如下：

$$g_{u,v}(z)=\left(\frac{k_{u,v}^2}{\sigma^2}\right)\exp\left[-\frac{k_{u,v}^2}{2}\left(\frac{\| z \|^2}{\sigma^2}\right)\right]\left[\exp(\mathrm{i}k_{u,v}z)-\exp\left(-\frac{\sigma^2}{2}\right)\right] \tag{5-2-11}$$

式中：u 和 v 分别表示滤波器的方向和尺度；$z=(x,y)$ 定义了时域中的像素位置；$k_{u,v}$ 定义为波长 $k_{u,v}=k_v\mathrm{e}^{\mathrm{i}\varphi_{in}}$。其中 $k_v=k_{\max}/f^v$，$\varphi_{in}=\pi u/8$，$k_{\max}$ 是最大频率，f 是在频率域内核之间的变换因子。另外，σ 决定了 Gaussian 窗口的宽度与波长之间的比值。多数情况下，选用 5 个尺度和 8 个方向的 Gabor 小波。$\exp(\mathrm{i}k_{u,v}z)$ 表示一个振荡函数，该函数的实部为余弦函数，虚部为正弦函数；$\exp\left(-\frac{\sigma^2}{2}\right)$ 表示滤波直流分量。可以利用振荡函数去除掉滤波直流分量，使滤波结果不受直流分量的影响，当参数 σ 很大时可忽略该项。$\frac{k_{u,v}^2}{\sigma^2}$ 的作用是补偿由高频引起的能力的下降。

一幅图像的 Gabor 特征为这幅图像与一组 Gabor 核函数的卷积。它可以定义如下：

$$G_{u,v}(x,y)=I(x,y)*g_{u,v}(x,y) \tag{5-2-12}$$

式中：$I(x,y)$ 表示图像的灰度信息分布。由于 Gabor 小波分析所得的特征向量维数比较大，会影响后续计算，因此采用增强的 Gabor 特征进行计算。为了使用压缩的不同频率、不同方向的 Gabor 信息，每个 $G_{u,v}(x,y)$ 首先用一个 r 因子进行下采样，并规范化为均值等于 0，方差等于 1 的加强的 Gabor 特征向量 $\boldsymbol{\chi}$，最后连接 Gabor 滤波器系数为：

$$\boldsymbol{\chi}=(g_{0,0}^{(\rho)'},g_{0,1}^{(\rho)'},\cdots,g_{u,v}^{(\rho)'})^t \tag{5-2-13}$$

式中：$g_{0,0}^{(\rho)'}$ 是用因子 ρ 进行下采样后的幅值矩阵 $\boldsymbol{M}_{u,v}^{(p)}$ 中提取列向量进行连接得到的，而 t 是变换算子。作为一个局部特征描述子，加强的 Gabor 人脸特征矩阵 $\boldsymbol{\chi}$ 可以只加强人脸特征，与此同时可以容纳人脸在某个范围内的改变。所以我们使用 $\boldsymbol{\chi}$ 来代替全局的人脸特征：

$$\boldsymbol{\chi}(G(x))=\boldsymbol{X}_i\boldsymbol{\chi}_i$$

在人脸识别的过程中，应用在人脸卷积的 Gabor 滤波器的数量不是固定的，要根据实际情况以及不同的应用场景，在保证完成既定目标的同时尽量降低成本，设置数目合理的 Gabor 滤波器。

5.2.4　矩阵数据特征显示优缺点

在特征提取中，较之于其他方法，Gabor 小波变换具有以下特点：一方面该方法所需处理的信息量较少，能适应系统的实时化特点；另一方面，小波变换对光线变化较不敏感，可容忍适当程度的图像旋转和变形。当基于欧氏距离进行特征识别时，因为特征模式与待测特征之间对应无须严格，所以系统的鲁棒性得到提高。不管是从生物学的角度而言，还是从技术的角度来说，Gabor 特征都具有巨大的优势。二维 Gabor 函数的作用与边缘、峰、谷、脊轮廓等底层图像特征的增强类似。由于 Gabor 特征具备了良好的空间局部性和方位选择性，同时又对姿态、光线有着相对的鲁棒性，因此在人脸识别中被广泛应用。但是，在大多数采用 Gabor 特征的人脸识别算法中，都仅使用了 Gabor 幅值信号，而并没有使用相位信号，主要原因是 Gabor 相位信号随空间位移呈现出周期性改变，而幅值的改变则比较均匀而平稳，幅值变化反映了像素的能量能谱，所以 Gabor 幅值特性也一般叫做 Gabor 能量特性。从原理上来讲，Gabor 小波可以像放大镜一样将图像的灰度变化放大，使图像更加明显、更有区分度，也就是强化人脸的重要局部区域（如鼻、眼、唇、眉等）的特征，从而提高不同的人脸图像之间的区分度。Gabor 滤波器对画面清晰度、反差度改变以及人脸位置改变都有很强的鲁棒性，同时提供的信息也是人脸识别中最为实用的一些特性。

奇异值特征向量具有正交变换、旋转、位移、镜像映射等代数和几何上的不变性，因此其具有良好的稳定性。上述特性使得奇异值特征向量在图像描述和识别的过程中发挥着重大作用。

在主成分分析中，人们首先应该确定新得到的前几种主要成分的累积贡献达到了一个比较高的水准，然后对这些新的主要成分必须都进行符合实际背景和意义的说明。主成分的意义通常带有模糊性，并不像原变量那样简洁、明确，这也是在降维过程中需要付出的代价。所以，新抽取的主成分数量 m 通常应当明显低于原先可变个数 p（除非 p 自身较小），否则维数减少的“利”恐怕抵不过主成分意义，又不及原先变数明确的“弊”。

5.2.5　相关应用

农作物在缺乏某一些营养元素时，就会产生一些生物症状，而这些生物症状往往在作物的叶子上表现出来。例如，农作物叶面上某些特定的斑点是由于缺乏某种营养元素导致的，因此可以通过计算机的视觉技术对图片进行频谱分类，以此鉴别生物症状并推荐补充对应营养元素肥料。

人脸表征就是一种能够表征人脸特征，能够将人脸数据存储于人脸库中，并且能根据已有的人脸信息检测出个人信息的方法。以下的集中特征描述方式是较常见的，包括固定特征模板、代数特征（如矩阵特征矢量等）、特征脸、几何特征（如曲率、欧氏距离、角度等）等。通过在人脸特征边沿，选取几个相对稀少的基准点描绘人脸的外形特点，进而把形状特征转化为所有人面部图像的最一般形式，然后再针对特征变化后的外形进行图像的变化，从而产生与外形特征无关的人脸图像。

5.3 矩阵数据模式分类

5.3.1 简介

模式分类就是将未知的模式（事物或现象）与已知的典型的可用来分类的模式进行比较，找到最接近的那一类。可以进行分类的模式之间至少在一个方面存在区别，而在这一方面属于同一模式下的样本的特征或属性一定是相同的。分类是模式识别的最后环节，根据输入的特征向量，经过分类器，输出该向量所在的类别。较好的分类结果必须满足以下两个条件：(1)特征的信号是明显突出的；(2)分类方法应当是行之有效的。信号分类方法常见的有以下几种：

(1) 贝叶斯-卡尔曼滤波

贝叶斯-卡尔曼滤波(Bayes-Kalman filtering)是一种基于经验的估值方法，它能够把信息转变成对应的感知机状态的概率，从而使得对各种状况的各种训练所形成的衔接结果具有非平稳性。

(2) 人工神经网络

人工神经网络(Artificial Neural Network，ANN)分类器参数选择较方便，应用也比较简单，并且分类效果较好。人工神经网络所存在的问题是其理论中没有比较好的方法来确定隐层神经元的个数，而使用多层感知机进行信号的分类识别时，恰恰需要得到确切的隐层神经元个数。

(3) 遗传算法

遗传算法(Genetic Algorithm，GA)对信号进行分类的基本原理为：在信号中提取出大量特征信息，这些信息包括有用特征和伪特征，所以需要使用 GA 除去伪特征信号，成功提取到有用特征信号。由于 GA 是在特征信号进行大量运算的基础上找出各个特征参数，然后提取最优部分，因此 GA 的缺点是运算量较大。

(4) 线性判别分析

线性判别分析(Linear Discriminant Analysis，LDA)的基本思想是利用一种线性映射把所有数据的信息都反映到特性空间上，即相似模型数据间距离很近，不同模式样本间距离较远。目前使用较多的 LDA 方法有 Fisher 判别分析法、支持向量机法、基于感知准则的判别法，以及最小均方误差法等。LDA 方法是统计模式识别中常用的方法之一，也是实际应用中用得非常多的分类方法。

5.3.2 定义

模式分类被广泛应用于各个研究领域，其基本原理是构造一个分类函数或者分类模型将数据集映射到某一个给定的类别中。模式分类是模式识别的核心研究内容，能够极大地影响其识别的整体效率。模式分类方法主要包括 K 近邻(KNN)、支持向量机(SVM)、二次判别分析(QDA)、朴素贝叶斯(Naive Bayes)、线性判别分析(LDA)和 BP 神经网络方法。

由于支持向量机具有高效率的优点,BP 神经网络具有解决重复性问题的优点,因此这两种方法是最常用的一类方法。K 近邻方法是一种基于权值的聚类方法,其在分类问题中大放异彩。朴素贝叶斯方法是使用频率较高的分析工具,容易掌握并且易于应用。不同判别函数的判别分析方法中,二次判别分析、线性判别分析是我们如今最常采用的分类方法。

5.3.3 理论方法

1) 支持向量机

在最开始的时候,支持向量机理论研究如何在线性可分的前提下对数据进行最优平面划分的处理。观察图 5-3-1,实心点表示的是值为正数的样本,而空心点表示的是值为负数的样本,H 代表的就是在这种情况下的最优超平面,分割的数据就是正负数据。图中在 H 之下和 H 之上的两条线 H_1、H_2,是分别平行于 H 的两条线。我们也一般将 H_1、H_2 定义为正样本和负样本的边缘线,在 H_1、H_2 上的各个点被称为支持向量(support vector),H_1 和 H_2 之间的距离被称为分类间隔(margin)。而 H 表示的就是将这个间隔进行最大化后的分类面,将其进行归一化操作之后,这里的间隔就是 $\frac{2}{\|\boldsymbol{w}\|}$。

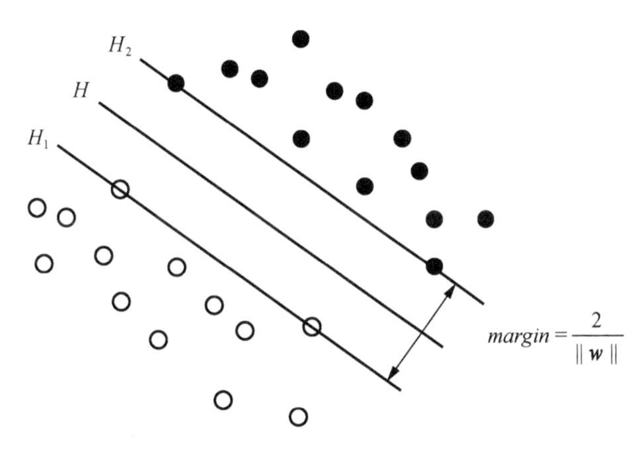

图 5-3-1　支持向量机分类

当样本满足线性可分的要求时,我们假设一个用于训练样本数据的集合:

$$T=\{(\boldsymbol{x}_1,\ y_1),\ \cdots,(\boldsymbol{x}_l,\ y_l)\}\in(X\times Y)^l \tag{5-3-1}$$

式中:$\boldsymbol{x}_i\in X=\mathbf{R}^n$,$y_i=\{1,-1\}$,$i=1,2,\cdots,l$。由于我们设定的前提是线性可分的,因此一般来说就会有一个超平面存在,这个超平面也就是让正样本数据位于一侧,让负样本数据位于另一侧的一个最优的平面,也就是说,会有一组表现最优的 $\boldsymbol{w}$ 和 b 的存在使得:

$$y=\operatorname{sgn}[(\boldsymbol{w}^{\mathrm{T}}\boldsymbol{x}_i)+b],\ i=1,\ 2,\ \cdots,\ l \tag{5-3-2}$$

SVM 最主要的思想之一就是使得 H_1 和 H_2 之间的间隔最大。同时对分类的约束条件进行了深入的分析，将寻找使得模型表现最优秀的 $\boldsymbol{w}$ 和 b 的问题转换成了一个具有约束的参数优化的问题：

$$\min_{w,w_0} \frac{1}{2}\|\boldsymbol{w}\|^2$$

$$\text{s.t.} \quad y_i(\boldsymbol{w}^{\mathrm{T}}\boldsymbol{x}_i+b) \geqslant 1,\ i=1,\ 2,\ \cdots,\ l$$

对于上式，根据卡罗需-库恩-塔克最优化条件 KKT，引入拉格朗日(Lagrange)函数求解：

$$L(\boldsymbol{w},\ a,\ b)=\frac{1}{2}\|\boldsymbol{w}\|^2-\sum_{i=1}^{l}a_i[y_i(\boldsymbol{w}^{\mathrm{T}}\boldsymbol{x}_i+b)-1] \tag{5-3-3}$$

式中：$\boldsymbol{\partial}=(a_1,\cdots,a_l)^{\mathrm{T}} \in \mathbf{R}_+^l$ 为拉格朗日乘子。由此，该问题从一个有约束的求最优参数的问题转化为一个无约束条件下寻找最优参数的问题。此时，只要求解 Lagrange 函数的偏导，并依据对偶定理，设 a 与 b 的偏导数均为零，便可得：

$$\sum_{i=1}^{l}y_i a_i=0$$

$$\boldsymbol{w}=\sum_{i=1}^{l}y_i\boldsymbol{x}_i a_i$$

$$Q(a)=\sum_{i=1}^{l}a_i-\frac{1}{2}\sum_{i=1}^{l}\sum_{j=1}^{l}a_i a_j y_i y_j(\boldsymbol{x}_i^{\mathrm{T}}\boldsymbol{x}_j^{\mathrm{T}})$$

若 $\boldsymbol{a}^*=(a_1^*,\cdots,a_l^*)^{\mathrm{T}}$ 是方程的一个最优解，则在这个条件下的 w^* 和 b^* 分别为：

$$\boldsymbol{w}^*=\sum_{i=1}^{l}y_i\boldsymbol{x}_i a_i^*$$

$$b^*=y_j-\sum_{i=1}^{l}a_i^*(\boldsymbol{x}_i \cdot \boldsymbol{x}_j)$$

依据上面的公式得到了使模型最好的 w^* 和 b^*，在此基础上我们可以建立最优的分类判别函数，如下式所示：

$$f(x)=\operatorname{sgn}\left[\sum_{i=1}^{l}a_i^* y_i(\boldsymbol{x}_i^{\mathrm{T}}\boldsymbol{x}_i)+b\right] \tag{5-3-4}$$

当数据点是线性不可分的，但我们还想利用上述超平面去解决问题时，可以对它的限制放松一些，以使它可以准许有一些分类错误的样本。通过引入松弛变量 $\varepsilon_i \geqslant 0, i=1,2,\cdots,l$ 得到软化的约束条件：

$$y_i(\boldsymbol{w}^{\mathrm{T}}\boldsymbol{x}_i+b) \geqslant 1-\varepsilon_i,\ i=1,\ 2,\cdots,l$$

当 ε_i 充分大时，所有样本点(x_i,y_i)总能达到上述的约束条件，但也不是 ε_i 越大越好，我们需要对它施加一定的限制条件。

这样原来的目标函数就变为：

$$\begin{aligned} &\underset{w,w_0}{\operatorname{argmin}}\ \frac{1}{2}\|\boldsymbol{w}\|^2 + C\sum_{i=1}^{l}\varepsilon_i \\ \text{s. t}\quad & y_i(\boldsymbol{w}^{\mathrm{T}}\boldsymbol{x}_i + b) \geqslant 1-\varepsilon_i,\ i=1,\ 2,\ \cdots,\ l \\ & \varepsilon_i \geqslant 0,\ i=1,\ 2,\ \cdots,\ l \end{aligned}$$

式中：$C>0$，既代表惩罚函数，也表示系统对一个分类错误的样本的处罚的结果数量。C 的大小反映了惩罚力度的强弱，如果 C 的值增大，就意味着惩罚越大，即对错误样本的约束也就越大。可以采取与线性可分方法类似的方法，将拉格朗日函数引入公式中，可得：

$$L(\boldsymbol{w},\ a,\ b,\ r,\ \varepsilon) = \frac{1}{2}\|\boldsymbol{w}\|^2 + C\sum_{i=1}^{l}\varepsilon_i - \sum_{i=1}^{l}a_i[y_i(\boldsymbol{w}^{\mathrm{T}}\boldsymbol{x}_i + b) - 1 + \varepsilon_i] \tag{5-3-5}$$

根据对偶的定义有：

$$\begin{gathered} \sum_{i=1}^{l} y_i a_i = 0 \\ \boldsymbol{w} = \sum_{i=1}^{l} y_i \boldsymbol{x}_i a_i \\ C - a_i - r_i = 0 \end{gathered}$$

把极值条件代入公式后，对 a 求极大值，相对的对偶问题便出现了：

$$\begin{aligned} &\underset{a}{\operatorname{argmin}}\ \frac{1}{2}\sum_{i=1}^{l}\sum_{j=1}^{l}a_i a_j y_i y_j(\boldsymbol{x}_i^{\mathrm{T}}\boldsymbol{x}_j) + \sum_{i=1}^{l}a_j \\ \text{s. t.}\quad & \sum_{i=1}^{l} y_i a_i = 0 \\ & 0 \leqslant a_i \leqslant C,\ i=1,\ 2,\ \cdots,\ 1 \end{aligned}$$

得到最优的参数之后就可以得到最优的分类判别函数 $f(x)$。

实际在面对分类问题的时候，一般都是非线性的问题，根据线性可分的情况，我们想到可以将其进行软化处理，以使其能够得到一些对于错误分类的样本的容忍，我们也可以将超平面转换成超曲面去解决这样的问题。超曲面处理此类问题的基本方法就是把二维平面拓展到三维空间平面，再利用一定函数把原始的数据映射到更多维的特征空间，在结构最小化原则的基础上寻找一个最优的分类曲面。

引入和函数 K，满足：

$$K(\boldsymbol{x}_i,\ \boldsymbol{x}_j) = \varphi(\boldsymbol{x}_i)\cdot\varphi(\boldsymbol{x}_j) \tag{5-3-6}$$

根据上式，就可以直接计算点积。

同时引入拉格朗日函数，转化为等价的对偶问题：

$$L(\boldsymbol{w}, a, b, r, \varepsilon)=\frac{1}{2}\|\boldsymbol{w}\|^2+C\sum_{i=1}^{l}\varepsilon_i-\sum_{i=1}^{l}a_i\{y_i[\boldsymbol{w}^{\mathrm{T}}\varphi(\boldsymbol{x}_i)+b]-1+\varepsilon_i\}-\sum_{i=1}^{l}r_i\varepsilon_i$$

式中：$\varphi(\cdot)$表示的是将元数据转换成高维特征空间的一种转换的介质函数。通过对下面的方程进行求解得到原来的解：

$$Q(\boldsymbol{a})=\sum_{i=1}^{l}a_i-\frac{1}{2}\sum_{i=1}^{l}\sum_{j=1}^{l}a_ia_jy_iy_jK(\boldsymbol{x}_i, \boldsymbol{x}_j) \tag{5-3-7}$$

求解 $\boldsymbol{a}^*$，进而得到分类间隔最大化并选择最优的权系数向量 w 和偏置 b 为：

$$\boldsymbol{w}^*=\sum_{i=1}^{l}y_i\varphi(\boldsymbol{x}_i)\boldsymbol{a}_i^*$$

$$b^*=y_j-\sum_{i=1}^{l}\boldsymbol{a}_i^*K(\boldsymbol{x}_i, \boldsymbol{x}_j)$$

最后得到的决策函数为：

$$f(\boldsymbol{x})=\mathrm{sgn}\left[\sum_{i=1}^{l}\boldsymbol{a}_i^*y_iK(\boldsymbol{x}_i, \boldsymbol{x}_j)+b\right] \tag{5-3-8}$$

2）神经网络

多层前馈神经网络是由输入层、隐藏层和输出层构成的神经网络。多层前馈神经网络是一个前馈型的神经网络，其在计算输入值与输出值的过程中，将输入、输出值经由输入层单元向前逐级传递，至隐藏层后再达到输出层，最终得到输入、输出值。它既可以完成对任何连续函数和平方可积函数的响应处理，同时也能够精确实现对任意的有限训练样本集进行精确分类，因此多层前馈神经网络可以分为输入层、隐藏层（一个或一个以上）和输出层，其每层都含有确定数量的神经元。

多层前馈神经网络的前馈计算是从输入层开始最终计算到输出层。在前馈过程中，每个节点计算公式如下：

$$X_{ij}=f(\boldsymbol{W}_i\boldsymbol{X}_j+b_{j-1}) \tag{5-3-9}$$

式中：X_{ij} 代表第 i 层第 j 个神经元的值；$\boldsymbol{W}_i$ 代表第 $i-1$ 层到第 i 层第 j 个神经元的权值向量；$\boldsymbol{X}_{j-1}$ 代表第 $j-1$ 层所有的神经元的值向量；b_{j-1} 代表第 $j-1$ 层的偏置；f 为激活函数。

在隐藏层和输出层中分别采用了 Sigmoid 激活函数和 Softmax 激活函数。其中，Sigmoid 函数是一种在神经网络中广泛使用的激活函数，主要用于隐藏层中神经元的输出，取值范围是(0,1)，可以用来做二分类。此函数平滑且易于求导，实现公式如下：

$$S(x)=\frac{1}{1+\mathrm{e}^{-x}} \tag{5-3-10}$$

式中：$S(x)$代表 Sigmoid 激活函数；x 代表隐含层中神经元的个数。

Softmax 函数作为概率归一化函数，其主要用来分类和归一化输出层中数据，将输出信号值限定在区间[0,1]之内，而且输出信号的总和为 1。具体公式如下：

$$y_k = \frac{\exp a_k}{\sum_{i=1}^{n} \exp a_i} \tag{5-3-11}$$

式中：$\exp x$ 表示关于 x 的指数函数；a_k 是输出层中第 k 个输入信号，采用 Sigmoid 激活函数；y_k 是第 k 个神经元的输出。

3）类别相关残差约束的非负表示分类方法

（1）CRNRC 模型

在 NRC 的目标函数中，除了重构误差项，没有表示系数的正则项。由于缺少正则项，NRC 容易发生误分。此外，NRC 忽视了编码和分类阶段的联系。为了缓解这些问题，在 NRC 中引入类别相关残差项，CRNRC 的目标函数如下：

$$\text{s.t.}\quad c \geqslant 0 \qquad \underset{c}{\operatorname{argmin}} \| y - Xc \|_2^2 + \lambda \sum_{i=1}^{C} \| y - X_i c_i \|_2^2 \tag{5-3-12}$$

式中：$A>0$ 为平衡参数。式中第一项为协同表不同项，第二项为类别相关残差约束项。当 $\lambda=0$ 时，CRNRC 退化为 NRC 模型，因此 NRC 是 CRNRC 的一种特殊情形。

（2）CRNRC 模型优化算法

常使用交替方向乘子的方法来求解 CRNRC 模型，例如我们可以通过引入辅助变量 z 得到如下等价形式：

$$\text{s.t.}\quad c = z,\ z \geqslant 0 \qquad \underset{c,z}{\operatorname{argmin}} \| y - Xc \|_2^2 + \lambda \sum_{i=1}^{C} \| y - X_i c_i \|_2^2 \tag{5-3-13}$$

其对应的增广拉格朗日函数为：

$$\mathcal{L}(c, z, \delta, \mu) = \| y - Xc \|_2^2 + \lambda \sum_{i=1}^{C} \| y - X_i c_i \|_2^2 + \langle \delta, z - c \rangle + \frac{\mu}{2} \| z - c \|_2^2$$

式中：δ 为拉格朗日乘子；$\mu>0$ 是惩罚参数。上式可以通过交替更新 c 和 z 来求解，详细的更新过程如下：

更新 c，固定除 c 外的其他变量，通过求解如下优化问题来更新 c：

$$\underset{c}{\operatorname{argmin}} \| y - Xc \|_2^2 + \lambda \sum_{i=1}^{C} \| y - X_i c_i \|_2^2 + \frac{\mu}{2} \left\| z_i - c + \frac{\delta}{\mu} \right\|_2^2 \tag{5-3-14}$$

更新 z，通过求解如下优化问题来更新 z：

$$\text{s.t.}\quad z \geqslant 0 \qquad \underset{z}{\operatorname{argmin}}\, z - \left\| c_{t+1} - \frac{\delta_t}{\mu} \right\|_2^2 \tag{5-3-15}$$

变量 z 的解释如下：

$$z_{t+1}=\max\left(0,\ c_{t+1}-\frac{\delta_t}{\mu}\right) \tag{5-3-16}$$

式中：max 运算符对每个元素进行操作。

更新 δ，通过下式更新拉格朗日乘子 δ：

$$S_{t+1}=\delta_t+\mu(z_{t+1}-c_{t+1})$$

（3）CRNRC 模型分类方法

对于测试样本 $y\in\mathbf{R}^d$，首先求解所有训练样本数据 X 上的表示系数 c，然后计算出每类样本的残差，找出最小残差对应的类别，并把测试样本分在其中，即 $identity(y)=\arg\min_i y-\boldsymbol{X}_i\boldsymbol{c}_{i2}$，其中 $\boldsymbol{c}_i$ 表示为第 i 类的系数向量。CRNRC 完整的算法流程如表 5-3-1 所示。

表 5-3-1 CRNRC 算法流程图

CRNRC 算法流程图
输入：训练数据矩阵 $\boldsymbol{X}=\lvert \boldsymbol{X}_1,\boldsymbol{X}_2,\cdots,\boldsymbol{X}_C \rvert\in\mathbf{R}^{dn}$，测试样本 $y\in\mathbf{R}^d$，平衡参数 λ
①对矩阵 $\boldsymbol{X}$ 的每列和 y 进行单位化
②通过求解 $identity(\boldsymbol{y})=\arg\min_i \boldsymbol{y}-\boldsymbol{X}_i\boldsymbol{c}_{i2}$ 得到 y 在 x 上的表示系数 c
③计算每类样本的残差 $\boldsymbol{r}_i=\boldsymbol{y}-\boldsymbol{X}_i\boldsymbol{c}_{i2}$
输出：$\text{label}(\boldsymbol{y})=\text{argmin}(\boldsymbol{r}_i)$

4）Gabor 核线性回归分类算法

将核函数定义为函数 K，这个函数对原始输入空间中所有的样本 $x,y\in\mathbf{R}$，满足：

$$K(x,y)=\langle x,y\rangle=\varphi(x)^{\mathrm{T}}\cdot\varphi(y) \tag{5-3-17}$$

式中：φ 是从输入空间 $\mathbf{R}^n$ 到特征空间 F 的一个映射，$\varphi:\mathbf{R}^n\to F$。

由上式可知，特征空间中向量内积等价于输入空间的核函数。使用了核函数，就能够将原空间结构的信息映射到新的特征空间结构，在所映射到的新空间结构上也能够使用线性分类器。该方法规避了具体的计算特征映射问题，这也是核方法最大的优势之处。不过，对应一个简单核函数的可能是繁杂的非线性映射 φ。

一般而言，核函数具有以下两个特征：

（1）对称性

$$K(x,\ y)=K(y,\ x)$$

（2）满足 Cauchy-Schwarz 不等式

$$[K(x,\ y)]^2\leqslant K(x,\ x)\cdot K(y,\ y)$$

核函数还具有以下引理：

设 $K(x,y)$ 是一个有限空间的实对称函数，只有 $K(x,y)$ 为核函数时，才满足矩阵 $K=K(x_i,\ x_j)(i,\ j=1,\ 2,\ \cdots,\ N)$ 为半正定矩阵。

目前，常用的核函数主要有：

(1) 采用 p 阶多项式形式的核函数，该函数不保持输入空间的距离相似性，但保持输入空间的角度相似性：

$$K(x, z)=(\langle x, z\rangle+t)^{p}, \quad t \geqslant 0, \ p \text{ 是自然数}$$

(2) 采用高斯径向基函数(RBF)的核函数，该函数将输入空间映射到特征空间的单位球面，并且保持输入空间的距离相似性：

$$K(x, z)=\exp\left(-\frac{\|x-z\|^{2}}{2\sigma^{2}}\right), \ \sigma \geqslant 0$$

(3) 采用 Sigmoid 函数的核函数

$$K(x, z)=\tanh(<x, z>+c)$$

对以上三个方案中的参数的选取通常都是依靠经验，到目前为止参数的选取仍然是一个比较开放的问题，也缺乏一种合理的通用的规范。

5.3.4 矩阵数据模式分类优缺点

最近邻分类器(Nearest Neighbor Classifier，NNC)是模式识别各种分类方式中一种直观、无须先验统计知识的重要方法。如果在特征空间中，一个样本在某种距离中是最近邻样本或是 K 个最近邻中的样本，那么就认为这些样本是同一类别的。同样的，最近邻分类器具有学习样本需求大、计算量大等缺陷。

最小距离分类器(Minimum Distance Classifier，MDC)将距离最近的类中心的待识别样本归为同类，常用的距离度量方法有欧氏距离和余弦距离。由于以距离为分类准则的分类器并没有依据样本的实际分布情况做一些相关处理，因此有时其得到的结果不能令人十分满意。为此，研究者们提出了稀疏表示(SRC)和线性回归(LRC)等分类方法。线性回归是一种经典的统计分析方法，它的思想是寻找一个线性函数来拟合变量之间的线性关系。线性回归认为同一类的样本分布在同一个线性子空间，任一个测试样本可以表示为同类训练样本的线性加权和，所以最终是把观测样本分配到与相应回归值偏离最小的类当中。

线性判别分析(Linear Discriminant Analysis，LDA)具有算法简单、容易实现、计算量少及占用存储空间小等优点，往往只需要较少的特征样本数量就可以得到可靠的识别结果。例如，对想象任务中 EEG 信号的识别，就是使用合适的方法对测试到的 EEG 信号进行特征提取，将提取到的特征送入分类器进行分类。分类就是将不同的想象任务进行区分的过程。不同的判别决策方法及不同的模式特征选择导致模式识别方法也各不相同。

5.3.5 相关应用

1) 文字识别

在人工智能与模式识别大发展的背景下，怎样把汉字简便、快捷地录入电脑中是各国研究者的研究终点与热点，它关乎着电脑如何真正在中国进行广泛的使用。如今，人工键盘输入和机器识别自动输入是较为常用的两种汉字输入方式。其中人工键盘输入的劳动量过大且速度提升较为困难，机器自动识别输入的两种类型分别为语音识别与汉字识别。就识别难度而言，手写字体识别难于印刷字体识别，其中，脱机手写字体识别难于联机手写字体识别。

2）语音识别

语音识别主要运用以下几大领域的技术：发声机理和听觉机理、概率论和信息论、信号处理、模式识别、人工智能、深度学习等。近年来，声纹识别技术具有便捷性、实惠性和精准性等优点，在生物识别技术领域中大放异彩，并逐渐成为人们生活、工作中常用且重要的安全验证方式。

3）指纹识别

我们双手及其指尖、脚掌、脚趾内侧表面的肌肤因凹凸不均而造成的纹路，会生成不同的图形。由于每一个人的皮肤纹、断点和交叉点都是不同的，因此指纹是人体重要的生物体征。由于指纹的唯一性，将某一个人的预存指纹与现在指纹进行比较，便能够检验他的真实身份。最常见的指纹包括右环指纹、左环指纹、螺纹、尖顶拱、双环等。在进行指纹验证的时候，便可以将每个人的指纹分别归类，在指纹库中进行检索。指纹识别的过程一般可以分为以下几个步骤：指纹图像预处理、特征选择和模式分类等。

习　题

1. 矩阵数据去噪的方法有哪些？各自的优缺点是什么？

2. 数据特征表示的常见的理论方法有哪些？分别适用于哪些场景？

3. 矩阵数据特征显示常见的理论方法有哪些？举例说明其相关应用。

4. 请举例并分析本章之外的矩阵数据模式分类相关应用。

5. 目前人工智能发展迅速，在二维信号的智能处理中常用的神经网络算法有哪些？各自的优缺点是什么？

6. 选取某种类型的二维信号，并运用本章所学知识进行分析设计，最终实现对信号的智能处理。

第6章　三维(张量)信号智能处理

6.1　三维(张量)数据信号去噪

6.1.1　简介

在信号处理方面，消除和抑制信号中掺杂的各种噪声一直是经典的研究课题。在获取和传输信号的过程中，噪声会以不同的方式不同程度地混合到有用信号中，往往会对有用信息的有效表征产生一定的影响，给后续的信号分析和应用带来不必要的负面影响，特别是当噪声强度大且信号弱时，会导致信号失真，因此，消除和抑制信号噪声是一个具有深远意义的话题。消除噪声的目的是从大量的噪声数据中去除各种干扰，提取预期的信号，为发现隐藏在信号中的未知信息提供强有力的保证。消除和抑制信号噪声广泛应用于雷达目标识别、信号检测、图像和语音增强、通信系统和医学信号处理等领域。

本节介绍张量数据信号的去噪，首先介绍张量的概念以及相关性质，然后介绍基于张量分解的去噪方法，这一类方法通过低秩张量近似实现降噪。本节通过方阵的特征分解推广到奇异值分解再推广到高阶奇异值分解，最后介绍这一方法的应用。

6.1.2　定义

为阐述的简洁性和便利性，本书采用线性代数、机器学习等领域的通用符号。在本书中，标量用小写字母表示，如 $a,b,\cdots$，向量用粗体小写字母表示，如 $\boldsymbol{a},\boldsymbol{b},\cdots$，矩阵和张量均用粗体大写字母表示，如 $\boldsymbol{A},\boldsymbol{B},\cdots$。

张量这一概念最早由 William Rowan Hamilton 于 1894 年引入，在模式识别、机器学习等领域，许多模型的输入数据都是张量形式。为了方便以后的讨论，我们先介绍与张量相关的基本概念。

定义1　张量

张量就是多维数组。对于张量 $\mathbf{A}\in\mathbf{R}^{I_1\times I_2\times\cdots\times I_N}$，它的阶是 N，$\mathbf{A}$ 的第 n 维的维度大小是 I_n。张量 $\mathbf{A}$ 中的元素表示为 $a_{i_1,i_2,\cdots,i_N}$，其中 $1\leqslant i_n\leqslant I_n$，$1\leqslant n\leqslant N$。在实际应用中，0 维张量为标量，一维张量为向量，二维张量为矩阵，三维及三维以上的张量统称为高阶张量。图 6-1-1 是一个张量 $\boldsymbol{B}\in\mathbf{R}^{5\times 8\times 6}$ 的图形表示。

定义2　张量的内积

张量的内积发生在两个相同大小的张量之间，$\mathbf{A}$、$\boldsymbol{B}\in\mathbf{R}^{I_1\times I_2\times\cdots\times I_N}$，张量 $\mathbf{A}$、$\boldsymbol{B}$ 的内积

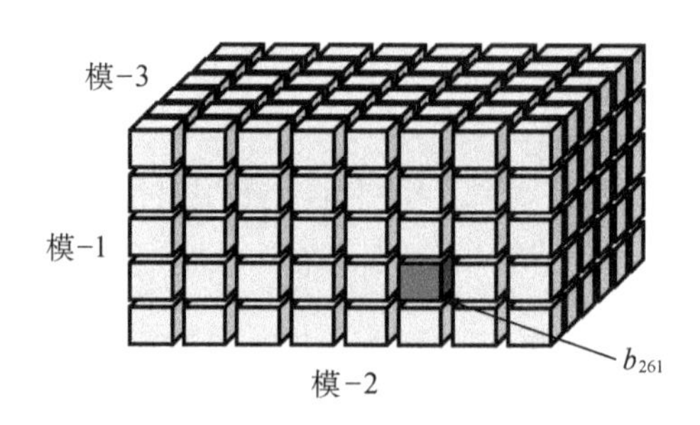

图 6-1-1 张量$\boldsymbol{B} \in \mathbf{R}^{5\times8\times6}$ 的图形表示

定义为：

$$\langle \mathbf{A}, \boldsymbol{B} \rangle = \sum_{i_1=1}^{I_1} \sum_{i_2=1}^{I_2} \cdots \sum_{i_N=1}^{I_N} a_{i_1, i_2, \cdots, i_N} b_{i_1, i_2, \cdots, i_N} \tag{6-1-1}$$

定义 3 张量的外积

张量的外积也称为张量积，对张量 $\mathbf{A} \in \mathbf{R}^{I_1 \times I_2 \times \cdots \times I_N}$、$\boldsymbol{B} \in \mathbf{R}^{J_1 \times J_2 \times \cdots \times J_N}$，其张量积 $\mathbf{A} \cdot \boldsymbol{B} \in \mathbf{R}^{I_1 \times I_2 \times \cdots \times I_N \times J_1 \times J_2 \times \cdots \times J_N}$，定义为：

$$(\mathbf{A} \circ \boldsymbol{B})_{i_1, i_2, \cdots, i_N, j_1, j_2, \cdots, j_M} = a_{i_1, i_2, \cdots, i_N} b_{j_1, j_2, \cdots, j_M} \tag{6-1-2}$$

定义 4 张量的 n -模积

张量的 n -模积是张量与一个矩阵的乘积，需要两者的某-模的大小相同。对于张量 $\mathbf{A} \in \mathbf{R}^{I_1 \times I_2 \times \cdots \times I_N}$ 和矩阵 $\boldsymbol{U} \in \mathbf{R}^{I_N \times J_N}$，其 n - 模积 $\mathbf{A} \times_n \boldsymbol{U} \in \mathbf{R}^{I_1 \times I_2 \times \cdots \times J_N \times I_1 \times I_2 \times \cdots \times I_N}$，定义为：

$$(\mathbf{A} \times_n \boldsymbol{U})_{i_1, i_2, \cdots, i_{n-1}, j_n, i_{n+1}, \cdots, i_N} = \sum_{i_n=1}^{I_n} a_{i_1, i_2, \cdots, i_N} u_{j_n, i_n} \tag{6-1-3}$$

张量的 n -模积可以看作张量 $\mathbf{A} \in \mathbf{R}^{I_1 \times I_2 \times \cdots \times I_N}$ 在子空间 $\mathbf{R}^{I_1 \times I_2 \times \cdots \times I_N}$ 上的投影。特别地，当 $J_n = 1$，即矩阵 $\boldsymbol{U}$ 退化为向量时，张量的 n -模积实际上对原张量进行了降维。

定义 5 张量的 Frobenius 范数

根据张量的内积，张量 $\mathbf{A} \in \mathbf{R}^{I_1 \times I_2 \times \cdots \times I_N}$ 的 F 范数定义为：

$$\|\mathbf{A}\|_F = \sqrt{\langle \mathbf{A}, \mathbf{A} \rangle} = \sqrt{\sum_{i_1=1}^{I_1} \sum_{i_2=1}^{I_2} \cdots \sum_{i_N=1}^{I_N} a_{i_1, i_2, \cdots, i_N}^2} \tag{6-1-4}$$

6.1.3 常见的理论方法

1）奇异值分解

奇异值分解（Singular Value Decomposition，SVD）是一种被广泛应用于机器学习领域的算法。它不仅可以分解降维算法的特征，而且可以用于推荐系统和自然语言处理，是很多机器学习算法的基石。

(1) 特征值和特征向量

特征值和特征向量的定义如下：

$$\boldsymbol{A}\boldsymbol{x} = \lambda \boldsymbol{x} \tag{6-1-5}$$

式中：$\boldsymbol{A}$ 是一个 $n \times n$ 矩阵；λ 是矩阵 $\boldsymbol{A}$ 的一个特征值；$\boldsymbol{x}$ 是矩阵 $\boldsymbol{A}$ 的特征值 λ 所对应的特征向量，是一个 n 维向量。

求出特征值之后可以将矩阵 $\boldsymbol{A}$ 进行特征分解。如果我们求出了矩阵 $\boldsymbol{A}$ 的 n 个特征值 $\lambda_1 \leqslant \lambda_2 \leqslant \cdots \leqslant \lambda_n$，以及这 n 个特征值所对应的特征向量 $\boldsymbol{w}_1, \boldsymbol{w}_2, \cdots, \boldsymbol{w}_n$，那么矩阵 $\boldsymbol{A}$ 就可以用下式的特征分解表示：

$$\boldsymbol{A} = \boldsymbol{W\Sigma W}^{-1} \tag{6-1-6}$$

式中：$\boldsymbol{W}$ 是这 n 个特征向量所构成的 $n \times n$ 矩阵；$\boldsymbol{\Sigma}$ 是以这 n 个特征值为主对角线的 $n \times n$ 矩阵。

通常我们会把 $\boldsymbol{W}$ 的这 n 个特征向量标准化，即满足 $\|\boldsymbol{w}_i\|^2 = 1$ 或者 $\boldsymbol{w}_i^{\mathrm{T}}\boldsymbol{w}_i = 1$，此时标准正交基就是 $\boldsymbol{W}$ 的 n 个特征向量，满足 $\boldsymbol{W}^{\mathrm{T}}\boldsymbol{W} = \boldsymbol{I}$，即 $\boldsymbol{W}^{\mathrm{T}} = \boldsymbol{W}^{-1}$，也就是说 $\boldsymbol{W}$ 为酉矩阵。

此时特征分解表达式可以写成：

$$\boldsymbol{A} = \boldsymbol{W\Sigma W}^{\mathrm{T}} \tag{6-1-7}$$

此处特征分解的前提是矩阵 $\boldsymbol{A}$ 必须为方阵。当 $\boldsymbol{A}$ 不是方阵，即行和列不相同时，通过 SVD 对矩阵进行分解。

(2) 奇异值分解的定义

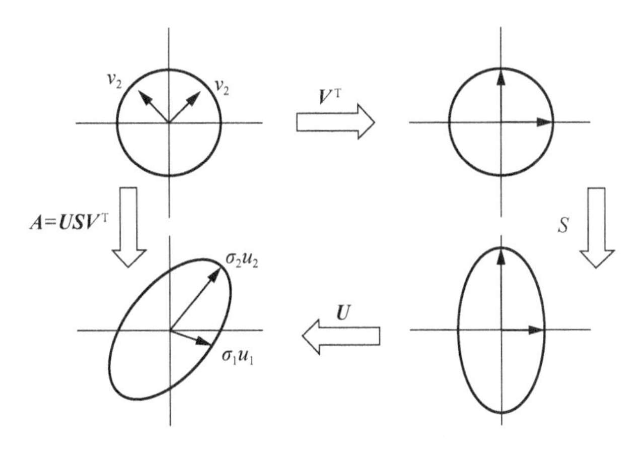

图 6-1-2　奇异值分解 SVD 示意图

SVD 同样也是对矩阵进行分解，但它不同于特征分解，SVD 中并未规定要分解的矩阵为方阵。假设矩阵 $\boldsymbol{A}$ 是一个 $m \times n$ 矩阵，那么我们定义矩阵 $\boldsymbol{A}$ 的 SVD 形式为：

$$\boldsymbol{A} = \boldsymbol{U\Sigma V}^{\mathrm{T}} \tag{6-1-8}$$

式中：$\boldsymbol{U}$ 是一个 $m\times m$ 矩阵；$\boldsymbol{\Sigma}$ 是一个 $m\times n$ 矩阵，除了主对角线上的元素以外都是 0，主对角线上的每个元素都被称为奇异值；$\boldsymbol{V}$ 是一个 $n\times n$ 矩阵。$\boldsymbol{U}$ 和 $\boldsymbol{V}$ 都是酉矩阵，即满足：

$$\boldsymbol{U}^{\mathrm{T}}\boldsymbol{U}=\boldsymbol{I}$$
$$\boldsymbol{V}^{\mathrm{T}}\boldsymbol{V}=\boldsymbol{I} \tag{6-1-9}$$

下图形象地描述了 SVD 的定义：

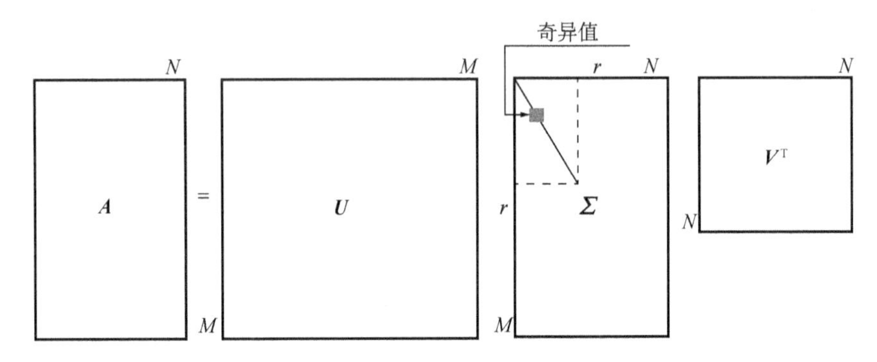

图 6-1-3 SVD 的定义

那么我们如何求出 SVD 分解后的 $\boldsymbol{U}$，$\boldsymbol{\Sigma}$，$\boldsymbol{V}$ 这三个矩阵呢？

如果我们将 $\boldsymbol{A}^{\mathrm{T}}$ 和 $\boldsymbol{A}$ 做矩阵乘法，那么会得到一个 n 阶方阵 $\boldsymbol{A}^{\mathrm{T}}\boldsymbol{A}$。由于 $\boldsymbol{A}^{\mathrm{T}}\boldsymbol{A}$ 是方阵，我们可以对它进行特征分解，得到的特征值和特征向量满足下式：

$$(\boldsymbol{A}^{\mathrm{T}}\boldsymbol{A})\boldsymbol{v}_i=\lambda_i\boldsymbol{v}_i \tag{6-1-10}$$

这样我们就可以得到矩阵 $\boldsymbol{A}^{\mathrm{T}}\boldsymbol{A}$ 的 n 个特征值和对应的 n 个特征向量了。将 $\boldsymbol{A}^{\mathrm{T}}\boldsymbol{A}$ 的所有特征向量张成一个 $n\times n$ 矩阵 $\boldsymbol{V}$，就是 SVD 公式里面的 $\boldsymbol{V}$ 矩阵了。通常我们将 $\boldsymbol{V}$ 中的每个特征向量叫做 $\boldsymbol{A}$ 的右奇异向量。

同理，如果我们将 $\boldsymbol{A}$ 和 $\boldsymbol{A}^{\mathrm{T}}$ 做矩阵乘法，那么会得到一个 m 阶方阵 $\boldsymbol{A}\boldsymbol{A}^{\mathrm{T}}$。进行特征分解，得到的特征值和特征向量也会满足下式：

$$(\boldsymbol{A}\boldsymbol{A}^{\mathrm{T}})\boldsymbol{u}_i=\lambda_i\boldsymbol{u}_i \tag{6-1-11}$$

这样我们就可以得到矩阵 $\boldsymbol{A}\boldsymbol{A}^{\mathrm{T}}$ 的 m 个特征值和对应的 m 个特征向量了。将 $\boldsymbol{A}\boldsymbol{A}^{\mathrm{T}}$ 的所有特征向量张成一个 $m\times m$ 矩阵 $\boldsymbol{U}$，就是 SVD 公式里面的 $\boldsymbol{U}$ 矩阵了。通常我们将 $\boldsymbol{U}$ 中的每个特征向量叫做 $\boldsymbol{A}$ 的左奇异向量。

由于 $\boldsymbol{\Sigma}$ 除了对角线上是奇异值外其他位置都为 0，因此我们只需要求出每个奇异值 σ 就能求出 $\boldsymbol{\Sigma}$。

注意到：

$$\begin{aligned}&\boldsymbol{A}=\boldsymbol{U}\boldsymbol{\Sigma}\boldsymbol{V}^{\mathrm{T}}\\ \Rightarrow&\boldsymbol{A}\boldsymbol{V}=\boldsymbol{U}\boldsymbol{\Sigma}\boldsymbol{V}^{\mathrm{T}}\boldsymbol{V}\\ \Rightarrow&\boldsymbol{A}\boldsymbol{V}=\boldsymbol{U}\boldsymbol{\Sigma}\\ \Rightarrow&\boldsymbol{A}\boldsymbol{v}_i=\sigma_i\boldsymbol{u}_i\end{aligned}$$

$$\Rightarrow \sigma_i = \frac{\boldsymbol{A}\boldsymbol{v}_i}{\boldsymbol{u}_i} \tag{6-1-12}$$

这样我们就可以求出每个奇异值,进而求出奇异值矩阵 $\boldsymbol{\Sigma}$。

在上面的推导中提到 $\boldsymbol{A}^{\mathrm{T}}\boldsymbol{A}$ 的特征向量组成 SVD 中的 $\boldsymbol{V}$ 矩阵;$\boldsymbol{A}\boldsymbol{A}^{\mathrm{T}}$ 的特征向量组成 SVD 中的 $\boldsymbol{U}$ 矩阵。

我们还可以进一步看出特征值矩阵等于奇异值矩阵的平方,也就是说特征值和奇异值满足如下关系:

$$\sigma_i = \sqrt{\lambda_i} \tag{6-1-13}$$

也就是说,我们可以不通过 $\sigma_i = \boldsymbol{A}\boldsymbol{v}_i/\boldsymbol{u}_i$ 来求奇异值,而通过求出 $\boldsymbol{A}^{\mathrm{T}}\boldsymbol{A}$ 的特征值取平方根的方法求得奇异值。

(3) 奇异值分解计算举例

这里我们用一个简单的例子来说明矩阵是如何进行奇异值分解的。我们将矩阵 $\boldsymbol{A}$ 定义为:

$$\boldsymbol{A} = \begin{pmatrix} 0 & 1 \\ 1 & 1 \\ 1 & 0 \end{pmatrix}$$

首先求出 $\boldsymbol{A}^{\mathrm{T}}\boldsymbol{A}$ 和 $\boldsymbol{A}\boldsymbol{A}^{\mathrm{T}}$:

$$\boldsymbol{A}^{\mathrm{T}}\boldsymbol{A} = \begin{pmatrix} 0 & 1 & 1 \\ 1 & 1 & 0 \end{pmatrix} \begin{pmatrix} 0 & 1 \\ 1 & 1 \\ 1 & 0 \end{pmatrix} = \begin{pmatrix} 2 & 1 \\ 1 & 2 \end{pmatrix}$$

$$\boldsymbol{A}\boldsymbol{A}^{\mathrm{T}} = \begin{pmatrix} 0 & 1 \\ 1 & 1 \\ 1 & 0 \end{pmatrix} \begin{pmatrix} 0 & 1 & 1 \\ 1 & 1 & 0 \end{pmatrix} = \begin{pmatrix} 1 & 1 & 0 \\ 1 & 2 & 1 \\ 0 & 1 & 1 \end{pmatrix}$$

进而求出 $\boldsymbol{A}^{\mathrm{T}}\boldsymbol{A}$ 的特征值和特征向量:

$$\lambda_1 = 3,\ \boldsymbol{v}_1 = \begin{pmatrix} \frac{1}{\sqrt{2}} \\ \frac{1}{\sqrt{2}} \end{pmatrix}$$

$$\lambda_2 = 1,\ \boldsymbol{v}_2 = \begin{pmatrix} -\frac{1}{\sqrt{2}} \\ \frac{1}{\sqrt{2}} \end{pmatrix}$$

然后求出 $\boldsymbol{A}\boldsymbol{A}^{\mathrm{T}}$ 的特征值和特征向量:

$$\lambda_1=3,\ \boldsymbol{u}_1=\begin{bmatrix}\frac{1}{\sqrt{6}}\\ \frac{2}{\sqrt{6}}\\ \frac{1}{\sqrt{6}}\end{bmatrix}$$

$$\lambda_2=1,\ \boldsymbol{u}_2=\begin{bmatrix}\frac{1}{\sqrt{2}}\\ 0\\ -\frac{1}{\sqrt{2}}\end{bmatrix}$$

$$\lambda_3=0,\ \boldsymbol{u}_3=\begin{bmatrix}\frac{1}{\sqrt{3}}\\ -\frac{1}{\sqrt{3}}\\ \frac{1}{\sqrt{3}}\end{bmatrix}$$

利用 $\boldsymbol{A}\boldsymbol{v}_i=\sigma_i\boldsymbol{u}_i, i=1,2$ 求奇异值：

$$\begin{bmatrix}0&1\\1&1\\1&0\end{bmatrix}\begin{bmatrix}\frac{1}{\sqrt{2}}\\ \frac{1}{\sqrt{2}}\end{bmatrix}=\sigma_1\begin{bmatrix}\frac{1}{\sqrt{6}}\\ \frac{2}{\sqrt{6}}\\ \frac{1}{\sqrt{6}}\end{bmatrix}\Rightarrow\sigma_1=\sqrt{3}$$

$$\begin{bmatrix}0&1\\1&1\\1&0\end{bmatrix}\begin{bmatrix}-\frac{1}{\sqrt{2}}\\ \frac{1}{\sqrt{2}}\end{bmatrix}=\sigma_2\begin{bmatrix}\frac{1}{\sqrt{2}}\\ 0\\ -\frac{1}{\sqrt{2}}\end{bmatrix}\Rightarrow\sigma_2=1$$

也可以用 $\sigma_i=\sqrt{\lambda_i}$ 直接求出奇异值为 $\sqrt{3}$ 和 1。

最终得到 $\boldsymbol{A}$ 的奇异值分解为：

$$\boldsymbol{A}=\boldsymbol{U\Sigma V}^{\mathrm{T}}=\begin{bmatrix}\frac{1}{\sqrt{6}}&\frac{1}{\sqrt{2}}&\frac{1}{\sqrt{3}}\\ \frac{2}{\sqrt{6}}&0&-\frac{1}{\sqrt{3}}\\ \frac{1}{\sqrt{6}}&-\frac{1}{\sqrt{2}}&\frac{1}{\sqrt{3}}\end{bmatrix}\begin{bmatrix}\sqrt{3}&0\\0&1\\0&0\end{bmatrix}\begin{bmatrix}\frac{1}{\sqrt{2}}&\frac{1}{\sqrt{2}}\\ -\frac{1}{\sqrt{2}}&\frac{1}{\sqrt{2}}\end{bmatrix}$$

(4) SVD 的性质

对于奇异值,它类似于特征分解中的特征值,在奇异值矩阵中也是从大到小排序的,而且由于奇异值的下降速度非常快,所以在很多情况下,前 10%甚至 1%的奇异值的和就占了所有的奇异值之和的 99%以上。

也就是说,我们也可以用最大的 k 个奇异值和对应的左右奇异向量去近似地描述矩阵,即:

$$\boldsymbol{A}_{m\times n}=\boldsymbol{U}_{m\times m}\boldsymbol{\Sigma}_{m\times n}\boldsymbol{V}_{n\times n}^{\mathrm{T}}\approx\boldsymbol{U}_{m\times k}\boldsymbol{\Sigma}_{k\times k}\boldsymbol{V}_{k\times n}^{\mathrm{T}}$$

其中,k 要比 n 小很多,也就是一个大的矩阵 $\boldsymbol{A}$ 可以用三个小的矩阵 $\boldsymbol{U}_{m\times k}$,$\boldsymbol{\Sigma}_{k\times k}$,$\boldsymbol{V}_{k\times n}^{\mathrm{T}}$ 来表示。如图 6-1-4 所示,现在矩阵 $\boldsymbol{A}$ 只需要用灰色部分的三个小矩阵就可以近似表示了。

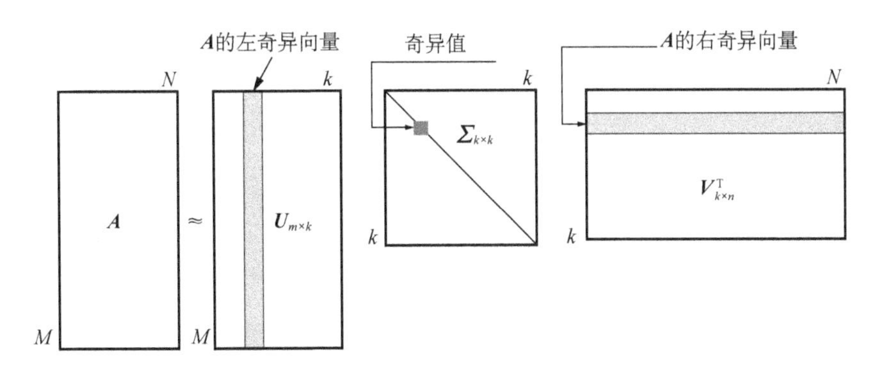

图 6-1-4　SVD 的性质

由于这一重要的性质,SVD 可以用于 PCA 降低维度,进行数据压缩和去噪。它也可以用于推荐算法,对描述用户喜好的数据所构成的矩阵做特征分解,进而根据得到的隐含的用户需求来做推荐。同时 SVD 也可以用于 NLP 中的算法,如潜在语义索引(LSI)。

(5) SVD 去噪

由于大的奇异值包含更多的信息,小的奇异值包含的信息不多,基本上是噪点,因此可以利用奇异值分解(SVD)来去噪。通过设置一个阈值 θ,如果奇异值大于 θ,就取 θ;否则就省略,这样就完成了降噪。

2) 高阶奇异值分解

张量的高阶奇异值(HOSVD)分解是将张量 $\mathbf{A}\in\mathbf{R}^{I_1\times I_2\times\cdots\times I_N}$ 分解为以下形式:

$$\mathbf{A}=\boldsymbol{S}\times_1\boldsymbol{U}_1\times_2\boldsymbol{U}_2\times\cdots\times_N\boldsymbol{U}_N$$

式中:$\boldsymbol{U}_1$,$\boldsymbol{U}_2$,…,$\boldsymbol{U}_N$ 为因子矩阵,具有正交性;$\boldsymbol{S}$ 是核心张量,满足全正交性和伪对角性。图 6-1-5 展示了一个三阶张量的高阶奇异值分解。

高阶奇异值分解算法流程如表 6-1-1 所示。

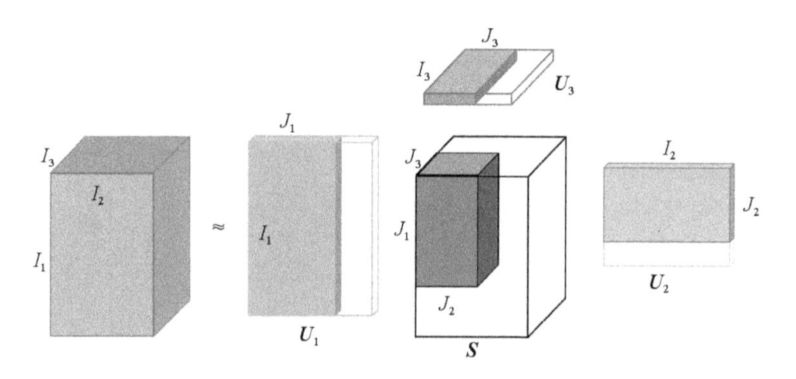

图 6-1-5　三阶张量的高阶奇异值分解

表 6-1-1　高阶奇异值分解算法流程图

高阶奇异值分解算法流程
输入：N 阶张量 $\mathbf{A}\in\mathbf{R}^{I_1\times I_2\times\cdots\times I_N}$ 输出：核心张量 $\boldsymbol{S}$ 以及因子矩阵 $\boldsymbol{U}_1,\boldsymbol{U}_2,\cdots,\boldsymbol{U}_N$ 步骤： ① 沿着张量的各个阶矩阵展开，对应的展开矩阵为 $\boldsymbol{A}_{(1)},\boldsymbol{A}_{(2)},\cdots,\boldsymbol{A}_{(N)}$ ② 依次对各个展开矩阵进行奇异值分解，得到 $\boldsymbol{A}_{(i)}=\boldsymbol{U}_i\sum\boldsymbol{V}_i^{\mathrm{T}}$ ③ 取第二步计算出的所有左奇异矩阵 $\boldsymbol{U}_1,\boldsymbol{U}_2,\cdots,\boldsymbol{U}_N$，计算 $\boldsymbol{S}=\boldsymbol{A}\times_1\boldsymbol{U}_1^{\mathrm{T}}\times_2\boldsymbol{U}_2^{\mathrm{T}}\times\cdots\times_N\boldsymbol{U}_N^{\mathrm{T}}$

对于高阶奇异值分解，有如下定理：

对于 N 阶张量 $\mathbf{A}\in\mathbf{R}^{I_1\times I_2\times\cdots\times I_N}$，能够分解为以下形式：

$$\mathbf{A}=\boldsymbol{S}\times_1\boldsymbol{U}_1\times_2\boldsymbol{U}_2\times\cdots\times_N\boldsymbol{U}_N$$

其中：

(1) 对于任意的 $n=1,2,\cdots,N$，$\boldsymbol{U}_n$ 是一个 $I_n\times I_n$ 的正交矩阵。

(2) $\boldsymbol{S}$ 是一个大小为 $I_1\times I_2\times\cdots\times I_N$ 的张量，$\boldsymbol{S}_{i_n=\alpha}$ 为固定 $\boldsymbol{S}$ 的第 i 阶索引为 α 得到的子张量($n=1,2,\cdots,I_1$)，且对于所有的 i，满足以下两个性质：

① 对任意的 $\alpha\neq\beta$，$\langle\boldsymbol{S}_{i_n=\alpha},\boldsymbol{S}_{i_n=\beta}\rangle=0$；

② $\|\boldsymbol{S}_{i_n=1}\|\geqslant\|\boldsymbol{S}_{i_n=2}\|\geqslant\cdots\geqslant\|\boldsymbol{S}_{i_n=I_n}\|\geqslant 0$；

称 $\|\boldsymbol{S}_{i_n}\|=\sigma_i^{(n)}$ 为张量 $\boldsymbol{A}$ 的 i 阶第 n 奇异值，$\boldsymbol{U}_n$ 的第 i 列为对应的奇异向量。

使用奇异值分解及高阶奇异值分解降噪的好处是相对简单，可以实现并行化，不足之处是 SVD 分解出的矩阵解释性不太强。

6.1.4　相关应用

图像去噪是图像处理的难点，需尽可能地过滤噪声，同时保持图像中原始有用的信息。中科院自动化研究所的胡锐文等人提出了一种将非局部相似性和高阶奇异值分(HOSVD)相融合的去噪方法。该方法是利用均方差(MSE)迭代对图像进行去噪的

iHOSVD 算法:先用非局部相似块聚类和高阶奇异值分解构建数据自适应的三维变换基及其变换系数,对变换系数采用阈值处理后进行三维反变换,从而达到非局部协同滤波的目的,最后采用一种基于均方差最优的迭代方法对图像进行去噪。iHOSVD 算法结合了非局部协同滤波与数据自适应去噪的思想,不仅表现出了较强的图像去噪能力,而且同时能够保持图像纹理细节。

6.2　三维(张量)数据特征显示

6.2.1　简介

对多维信号进行处理时,从信息获取部分获得的原始数据量通常相当大。为了有效地实现分类识别,就必须对原始数据进行选择或映射,选出最能反映分类本质的特征,并将这些特征组成一个向量,称为特征向量。上述过程即为特征提取与选择过程。通过特征提取与选择,不仅缩短了处理的时间,而且也减少了分类错误。

本节将介绍多线性主成分分析和线性判别分析两种张量数据特征降维方法。

6.2.2　定义

数据特征降维是一种十分有效的数据分析方式,是指通过某种映射关系,使得原本位于高维空间上的数据可以投影到低维空间。其本质就是构建映射函数 $f:x\rightarrow y$,x 是指原始数据点,也就是高维数据,目前 x 主要是向量形式;y 是指映射后的低维数据。映射函数 f 可以是线性的也可以是非线性的,可以是显式的也可以是隐式的。

采用降维的结果来代表原始数据的原因在于初始的高维空间必然包含了冗余信息和噪声干扰,在实际的数据应用(如识别)过程中它们会对结果产生干扰,从而造成误差,降低了准确度。通过降维可以减少噪声等信息的干扰,提取数据的本质特征,从而提高识别的精度。

6.2.3　常见的理论方法

1) 多线性主成分分析

(1) 主成分分析

主成分分析(Principal Component Analysis,PCA)是最常见的对向量型数据实现降维的方式之一,它能够把一个多指标的问题变成一个综合指标较少的问题,简化解决方法。另外,这些指标既互相没有关联,又包含了原始数据中的绝大多数有用成分。

PCA 的核心思想在于通过单个正交变换,令原本分量间存有相关性的随机变量变更成一组各分量互不关联的新变量。一方面,PCA 可以令原始数据的协方差矩阵通过一定变换转化成对角形式;另一方面,也可以将 PCA 理解成将原始变量所在空间转化为一个新的正交空间,并且指向样本点散布最大的方向。

从数据空间的角度来看,PCA 是一种以最小均方误差原理为基础的特征提取方法。

为了描述空间变化问题,这里有如下假设:

① 原始数据是 n 维的,共 N 个,数据集表示为矩阵 $\boldsymbol{X}=(\boldsymbol{x}_1,\boldsymbol{x}_2,\cdots,\boldsymbol{x}_N)$。

② 原始坐标系是由标准正交基向量$\{\boldsymbol{l}_1,\boldsymbol{l}_2,\cdots,\boldsymbol{l}_n\}$张成的空间，其中$\|\boldsymbol{l}_s\|=1$，$\boldsymbol{l}_s\cdot\boldsymbol{l}_t=0$，$s\neq t(s=1, 2, \cdots, n; t=1, 2, \cdots, n)$。

③ 经过线性变换之后的坐标系是由标准正交基向量$\{\boldsymbol{J}_1,\boldsymbol{J}_2,\cdots,\boldsymbol{J}_n\}$张成的空间，其中$\|\boldsymbol{J}_s\|=1$，$\boldsymbol{J}_s\cdot\boldsymbol{J}_t=0$，$s\neq t(s=1, 2, \cdots, n; t=1, 2, \cdots, n)$。

根据假设可以得出：

$$\boldsymbol{J}_s=(\boldsymbol{l}_1, \boldsymbol{l}_2, \cdots, \boldsymbol{l}_n)\begin{pmatrix}\boldsymbol{J}_s\cdot\boldsymbol{l}_1\\ \vdots\\ \boldsymbol{J}_s\cdot\boldsymbol{l}_n\end{pmatrix}, s=1, 2, \cdots, n$$

令$\boldsymbol{u}_s=(\boldsymbol{J}_s\cdot\boldsymbol{l}_1,\cdots, \boldsymbol{J}_s\cdot\boldsymbol{l}_n)^{\mathrm{T}}$，其中的各个分量实际上是基向量$\boldsymbol{J}_s$在原始坐标系$\{\boldsymbol{l}_1, \boldsymbol{l}_2, \cdots, \boldsymbol{l}_n\}$中的投影，由此可得坐标变换矩阵

$$\boldsymbol{U}=(\boldsymbol{u}_1, \boldsymbol{u}_2, \cdots, \boldsymbol{u}_n)=\begin{pmatrix}\boldsymbol{J}_1\cdot\boldsymbol{l}_1 & \cdots & \boldsymbol{J}_n\cdot\boldsymbol{l}_1\\ & \vdots & \\ \boldsymbol{J}_1\cdot\boldsymbol{l}_n & \cdots & \boldsymbol{J}_n\cdot\boldsymbol{l}_n\end{pmatrix} \tag{6-2-1}$$

则有

$$(\boldsymbol{J}_1, \boldsymbol{J}_2, \cdots, \boldsymbol{J}_n)=(\boldsymbol{l}_1, \boldsymbol{l}_2, \cdots, \boldsymbol{l}_n)\cdot\boldsymbol{U}$$

假设样本$\bar{\boldsymbol{x}}_i$在原始坐标系和新坐标系的标记方式如下：

$$\bar{\boldsymbol{x}}_i=(\boldsymbol{l}_1, \cdots, \boldsymbol{l}_n)\begin{pmatrix}x_i^{(1)}\\ \vdots\\ x_i^{(n)}\end{pmatrix} \tag{6-2-2}$$

$$\bar{\boldsymbol{x}}_i=(\boldsymbol{J}_1, \cdots, \boldsymbol{J}_n)\begin{pmatrix}z_i^{(1)}\\ \vdots\\ z_i^{(n)}\end{pmatrix} \tag{6-2-3}$$

令$\boldsymbol{x}_i=(x_i^{(1)}, x_i^{(2)}, \cdots, x_i^{(n)})^{\mathrm{T}}$，则$\bar{\boldsymbol{x}}_i=(\boldsymbol{l}_1, \boldsymbol{l}_2, \cdots, \boldsymbol{l}_n)\boldsymbol{x}_i$，

令$\boldsymbol{z}_i=(z_i^{(1)}, z_i^{(2)}, \cdots, z_i^{(n)})^{\mathrm{T}}$，则$\bar{\boldsymbol{x}}_i=(\boldsymbol{J}_1, \boldsymbol{J}_2, \cdots, \boldsymbol{J}_n)\boldsymbol{z}_i$，

根据$\bar{x}_i=\bar{x}_i$，有

$$(\boldsymbol{J}_1, \boldsymbol{J}_2, \cdots, \boldsymbol{J}_n)\boldsymbol{z}_i=(\boldsymbol{l}_1, \boldsymbol{l}_2, \cdots, \boldsymbol{l}_n)\boldsymbol{U}\boldsymbol{z}_i=(\boldsymbol{l}_1, \boldsymbol{l}_2, \cdots, \boldsymbol{l}_n)\boldsymbol{x}_i$$

于是有$\boldsymbol{z}_i=\boldsymbol{U}^{-1}\boldsymbol{x}_i=\boldsymbol{U}^{\mathrm{T}}\boldsymbol{x}_i$，所以$\boldsymbol{z}_i^{(s)}=\boldsymbol{u}_s^{\mathrm{T}}\boldsymbol{x}_i$。当舍掉部分坐标系之后，数据的维度可以降低到$d$维$(d<n)$，此时原始数据点$\boldsymbol{x}$在低维空间中的坐标记为$\boldsymbol{z}'_i=(\boldsymbol{z}_i^{(1)},\boldsymbol{z}_i^{(2)},\cdots,\boldsymbol{z}_i^{(d)})^{\mathrm{T}}$。为了使得舍掉部分坐标系后的新样本与原始样本尽可能相近，这里用低维样本坐标$\boldsymbol{z}'_i$来重构$\boldsymbol{x}_i$：

$$\hat{\boldsymbol{x}}_i=(\boldsymbol{J}_1, \cdots, \boldsymbol{J}_d)\begin{pmatrix}\boldsymbol{z}_i^{(1)}\\ \vdots\\ \boldsymbol{z}_i^{(d)}\end{pmatrix}=(\boldsymbol{l}_1, \cdots, \boldsymbol{l}_n)(\boldsymbol{u}_1, \cdots, \boldsymbol{u}_d)\begin{pmatrix}\boldsymbol{u}_1^{\mathrm{T}}\\ \vdots\\ \boldsymbol{u}_d^{\mathrm{T}}\end{pmatrix}\cdot\boldsymbol{x}_i \tag{6-2-4}$$

令$\boldsymbol{U}_d=(\boldsymbol{u}_1, \boldsymbol{u}_2, \cdots, \boldsymbol{u}_d)$表示坐标变换矩阵$\boldsymbol{U}$的前$d$列，则$\hat{\boldsymbol{x}}_i=(\boldsymbol{l}_1, \boldsymbol{l}_2, \cdots, \boldsymbol{l}_n)\boldsymbol{U}_d\boldsymbol{U}_d^{\mathrm{T}}\boldsymbol{x}_i$，

所以问题转化为：

$$\boldsymbol{U}_d^* = \underset{\boldsymbol{U}_d}{\arg\max} \| \hat{\boldsymbol{x}}_i - \boldsymbol{x}_i \|_F^2 = \underset{\boldsymbol{U}_d}{\arg\max} \| \boldsymbol{X}^{\mathrm{T}} - \boldsymbol{X}^{\mathrm{T}} \boldsymbol{U}_d \boldsymbol{U}_d{}^{\mathrm{T}} \|_F^2 \tag{6-2-5}$$

经化简可得：

$$\boldsymbol{U}_d^* = \underset{\boldsymbol{U}_d}{\arg\max} (\boldsymbol{U}_d^{\mathrm{T}} \boldsymbol{X} \boldsymbol{X}^{\mathrm{T}} \boldsymbol{U}_d) \tag{6-2-6}$$

最后我们发现,该最优化模型的求解方法可以化简成求解 $\boldsymbol{XX}^{\mathrm{T}}$ 的特征值。对协方差矩阵 $\boldsymbol{XX}^{\mathrm{T}}$（一个 n 阶方阵）进行特征值分解，将求得的特征值由大到小进行排序,再取前 d 个最大特征值对应的特征向量组成投影矩阵（$\boldsymbol{u}_1, \boldsymbol{u}_2, \cdots, \boldsymbol{u}_d$）即可。PCA 算法流程如表 6-2-1 所示。

表 6-2-1　PCA 算法流程图

PCA 算法流程
输入:样本集 $\boldsymbol{X} = (\boldsymbol{x}_1, \boldsymbol{x}_2, \cdots, \boldsymbol{x}_M)$；低维空间的维度 d 输出:投影矩阵 $\boldsymbol{U} = (\boldsymbol{u}_1, \boldsymbol{u}_2, \cdots, \boldsymbol{u}_d)$ 步骤： ①对所有样本进行中心化处理： $\boldsymbol{x}_i \leftarrow \boldsymbol{x}_i - \frac{1}{M}\sum_{k=1}^{M} \boldsymbol{x}_k$ ②计算中心化后样本的协方差矩阵 $\boldsymbol{XX}^{\mathrm{T}}$ ③将协方差矩阵进行特征值分解 ④取最大的前 d 个特征值对应的特征向量,构成投影矩阵 $\boldsymbol{U} = (\boldsymbol{u}_1, \boldsymbol{u}_2, \cdots, \boldsymbol{u}_d)$

对于低维空间的维度 d,通常可以通过设定阈值如 $t = 90\%$,然后选择如下式的最小d 值：

$$d = \frac{\sum_{i=1}^{d} \lambda_i}{\sum_{i=1}^{n} \lambda_n} \geqslant t \tag{6-2-7}$$

（2）多线性主成分分析(MPCA)

为了对张量数据进行特征提取,把张量形式的数据展开成高维向量后再运用 PCA 算法做数据降维处理,无疑会增加计算和存储的耗费。多线性主成分分析(MPCA）算法的输入是原始的高阶张量,在计算过程中不要求将输入张量进行向量化展开，最终输出的是低维的同阶张量,这是一种无监督的模型。数据的张量化表示本身就不只记录了各元素的数值,更保留了各元素间的关联,不经过向量化展开的最直观的优点就在于:数据在降维的过程中能够保留其内在结构,这会使得提取出的特征更加充分,并且也保留了数据的结构特征。

对于 N 阶张量空间的数据集$\{\boldsymbol{X}_m \in \mathbf{R}^{I_1 \times I_2 \times \cdots \times I_N}, m = 1, 2, \cdots, M\}$,其散度定义如下式：

$$\Psi_X = \sum_{m=1}^{M} \| \boldsymbol{X}_m - \widetilde{\boldsymbol{X}} \|_F^2 \tag{6-2-8}$$

式中：$\widetilde{\boldsymbol{X}} = \frac{1}{M}\sum_{m=1}^{M}\boldsymbol{X}_m$ 表征了张量集的均值。同时，数据集的 n -模散度矩阵如下式所示：

$$\boldsymbol{\Phi}^{(n)} = \sum_{m=1}^{M} (\boldsymbol{X}_{m(n)} - \widetilde{\boldsymbol{X}}_{(n)}) \cdot (\boldsymbol{X}_{m(n)} - \widetilde{\boldsymbol{X}}_{(n)})^{\mathrm{T}} \tag{6-2-9}$$

式中：$\boldsymbol{X}_{m(n)}$ 是张量 $\boldsymbol{X}_m$ 的 n -模展开矩阵。

MPCA 的核心思想是找到一个多线性的映射变换集合 $\{\widetilde{\boldsymbol{U}}^{(n)} \in R^{I_n \times P_n}, P_n \leqslant I_n, n=1, 2, \cdots, N\}$，将原始 $\mathbf{R}^{I_1 \times I_2 \times \cdots \times I_N}$ 空间中的张量样本 $\{\boldsymbol{X}_m \in \mathbf{R}^{I_1 \times I_2 \times \cdots \times I_N}, m=1,2,\cdots,M\}$ 映射成为低维空间 $\mathbf{R}^{P_1 \times P_2 \times \cdots \times P_N}$ 中的数据集 $\{\boldsymbol{Y}_m \in \mathbf{R}^{P_1 \times P_2 \times \cdots \times P_N}, m=1,2,\cdots,M\}$，并且要求最后得到的低维张量可以保留对应原始空间中的关键特征。

在 MPCA 算法中，对于输入的 M 个 N 阶张量 $\boldsymbol{X}_m$，需要求出 N 个对应的投影矩阵 $\{\widetilde{\boldsymbol{U}}^{(n)} \in \mathbf{R}^{I_n \times P_n}, n = 1, 2, \cdots, N\}$，使得通过投影变换后得到的低维数据集 $\{\boldsymbol{Y}_m \in \mathbf{R}^{P_1 \times P_2 \times \cdots \times P_N}, m=1,2,\cdots,M\}$ 满足散度最大的要求。对于 MPCA 算法，每个阶的目标维数 P_n 应被提前确定，目标函数如下式所示：

$$\{\widetilde{\boldsymbol{U}}^{(n)} \in \mathbf{R}^{I_n \times P_n}, P_n \leqslant I_n, n=1, 2, \cdots, N\} = \underset{\widetilde{\boldsymbol{U}}^{(1)}, \widetilde{\boldsymbol{U}}^{(2)}, \cdots, \widetilde{\boldsymbol{U}}^{(N)}}{\operatorname{argmax}} \Psi_y \tag{6-2-10}$$

多线性主成分分析(MPCA)的算法流程如表 6-2-2 所示。

表 6-2-2　MPCA 算法流程图

MPCA 算法流程
输入：原始张量数据集 $\{\boldsymbol{X}_m \in \mathbf{R}^{I_1 \times I_2 \times \cdots \times I_N}, m = 1,2,\cdots,M\}$ 输出：张量数据对应的低阶映射数据集 $\{\boldsymbol{Y}_m \in \mathbf{R}^{P_1 \times P_2 \times \cdots \times P_N}, m = 1,2,\cdots,M\}$
步骤： ①数据预处理 求出输入样本的均值 $\bar{X} = \frac{1}{M}\sum_{m=1}^{M}\boldsymbol{X}_m$，再将张量样本中心化 $\{\widetilde{\boldsymbol{X}}_m = \boldsymbol{X}_m - \bar{X}, m = 1, 2, \cdots, M\}$ ②初始化 将 n -模散度矩阵 $\boldsymbol{\Phi}^{(n)*} = \sum_{m=1}^{M}\widetilde{\boldsymbol{X}}_{m(n)} \cdot \widetilde{\boldsymbol{X}}^{\mathrm{T}}_{m(n)}$ 进行特征值分解，其中 $\widetilde{\boldsymbol{X}}_{m(n)}$ 是 $\widetilde{\boldsymbol{X}}_m$ 的 n -模展开矩阵，得到由前 P_n 个最大特征值对应的特征向量组成的矩阵 $\widetilde{\boldsymbol{U}}^{(n)}, n=1,2,\cdots,N$。 ③局部优化 a. 计算 $\{\widetilde{\boldsymbol{Y}}_m = \widetilde{\boldsymbol{X}}_m \times_1 \widetilde{\boldsymbol{U}}^{(1)\mathrm{T}} \times_2 \widetilde{\boldsymbol{U}}^{(2)\mathrm{T}} \times \cdots \times_n \widetilde{\boldsymbol{U}}^{(n)\mathrm{T}}, m = 1,2,\cdots,M\}$，其中符号 $\times_n$ 表示张量和矩阵的 n -模积，$n=1,2,\cdots,N$ b. 计算 $\Psi_{y_0} = \sum_{m=1}^{M}\| \widetilde{\boldsymbol{Y}}_m \|_F^2$

i. 计算 $\widetilde{U}_{\Phi^{(n)}}=\widetilde{U}^{(n+1)}\otimes\widetilde{U}^{(n+2)}\otimes\cdots\widetilde{U}^{(N)}\times\widetilde{U}^{(1)}\times\widetilde{U}^{(2)}\cdots\widetilde{U}^{(n-1)}$

符号⊗是指 Kronecker 积

算出 $\boldsymbol{\Phi}^{(n)}=\sum_{m=1}^{M}(\boldsymbol{X}_{m(n)}-\widetilde{\boldsymbol{X}}_{(n)}\cdot\widetilde{\boldsymbol{U}}_{\Phi^{(n)}}\cdot\widetilde{\boldsymbol{U}}^{\mathrm{T}}{}_{\Phi^{(n)}}\cdot(\boldsymbol{X}_{m(n)-}\widetilde{\boldsymbol{X}}_{(n)})^{\mathrm{T}})$;

根据所得 $\boldsymbol{\Phi}^{(n)}$，可以算出其特征值分解后前 P_n 个最大特征值对应的特征向量组成的矩阵 $\widetilde{U}^{(n)}$

ii. 计算出$\{\widetilde{\boldsymbol{Y}}_m,m=1,2,\cdots,M\}$和 Ψ_{yk}（第 k 次迭代所得的Ψ_y）

iii. 如果 $\Psi_{yk}-\Psi_{yk-1}<\eta$ 结束循环并跳入步骤④

④投影映射

输出投影后的低维张量数据集$\{\widetilde{\boldsymbol{Y}}_m=\widetilde{\boldsymbol{X}}_m\times_1\widetilde{\boldsymbol{U}}^{(1)\mathrm{T}}\times_2\widetilde{\boldsymbol{U}}^{(2)\mathrm{T}}\times\cdots\times_n\widetilde{\boldsymbol{U}}^{(N)\mathrm{T}},m=1,2,\cdots,M\}$

在该流程中，首先对原始张量集进行了中心化处理，然后在初始化张量每个模所对应的投影截断矩阵$\{\widetilde{U}^{(n)}\in\mathbf{R}^{I_n\times P_n},n=1,2,\cdots,N\}$的基础上进行局部最优化。因为这里属于一个 N 维变量的同时优化问题，所以选择了一种类似于交替最小二乘法(Alternating Least Square,ALS) 的方式，在单次操作时只优化张量某一个模态的投影矩阵，保持其他方向的映射暂时不变，直至达到最大循环次数或结果保持稳定。

对于 P_n（$n=1,2,\cdots,N$）的确定，可以采用序列模态截断(Sequential Mode Truncation,SMT)算法，解决式(6-2-11)的最优化问题。

$$\{\widetilde{U}^{(n)},P_n,n=1,2,\cdots,N\}=\underset{\widetilde{U}^{(1)},\widetilde{U}^{(2)},\cdots,\widetilde{U}^{(N)},P_1,P_2,\cdots,P_N}{\operatorname{argmax}}\Psi_y \quad \text{s. t.}\ \frac{\prod_{n=1}^{N}P_n}{\prod_{n=1}^{N}I_n}<\Omega \tag{6-2-11}$$

(3) PCA 与 MPCA 的关系

将 PCA 与 MPCA 进行比较，不难看出经典 PCA 算法甚至 2D - PCA 均可由多线性主成分分析算法统一表述。当张量样本的阶数等于 1，即 $N=1$ 时，输入样本就成为向量集$\{\boldsymbol{x}_m\in R^{I_1},m=1,2,\cdots,M\}$。为了达到数据降维的目的，只需要一个投影矩阵 $\boldsymbol{U}^{(1)}$ 就可以得到 $\boldsymbol{y}_m=\boldsymbol{x}_m\times\boldsymbol{U}^{(1)\mathrm{T}}$，此时的散度矩阵 $\boldsymbol{\Phi}^{(1)}=\sum_{m=1}^{M}(\boldsymbol{x}_m-\bar{\boldsymbol{x}})\cdot(\boldsymbol{x}_m-\bar{\boldsymbol{x}})^{\mathrm{T}}$ 等价于 PCA 算法中输入样本的整体散布矩阵。PCA 只是 MPCA 算法中张量阶数为 1 时的特殊情况。

2) 线性判别分析

线性判别分析(Linear Discriminant Analysis, LDA)，也叫做 Fisher 线性判别(Fisher Linear Discriminant, FLD)，是模式识别的经典算法，它是在 1996 年由 Belhumeur 引入模式识别和人工智能领域的。线性判别分析的基本思想是将高维的模式样本投影到最佳鉴别矢量空间，以达到抽取分类信息和压缩特征空间维数的效果，确保投影后新子空间中的模式样本具有最大类间距和最小类间距，即模式在空间中具有最佳的可分离性。因此，它是一种有效的特征抽取方法。使用这种方法能够使投影后模式样本的类间散布矩阵最大，同时类内散布矩阵最小。也就是说，它能够保证投影后模式样本在新的空间中有最小的类内距离和最大的类间距离，即模式在该空间中有最佳的可分离性。

假设对于一个 $\mathbf{R}^n$ 空间有 m 个样本，它们分别是 $\boldsymbol{x}_1,\boldsymbol{x}_2,\cdots,\boldsymbol{x}_m$。其中 $x_k(k=1,2,\cdots,m)$表示第 k 个样本，且每个样本都是一个 n 维向量，定义 n_i 表示属于第 i 类的样本个数，假设一共有 c 个类，则 $n_1+n_2+\cdots+n_i+\cdots+n_c=m$，$\boldsymbol{S}_\mathrm{b}$ 表示类间离散度矩阵，$\boldsymbol{S}_\mathrm{w}$ 表示类内离散度矩阵，n_i 表示属于 i 类的样本个数，$\boldsymbol{u}$ 表示所有样本的均值向量，$\boldsymbol{u}_i$ 表示第 i 类的样本均值向量。

第 i 类的样本均值向量为：

$$\boldsymbol{u}_i=\frac{1}{n_i}\sum_{x_k\in i}\boldsymbol{x}_k \tag{6-2-12}$$

总体样本均值：

$$\boldsymbol{u}=\frac{1}{m}\sum_{k=1}^{m}\boldsymbol{x}_k \tag{6-2-13}$$

根据类间离散度矩阵和类内离散度矩阵定义，得出下列式子：

$$\begin{gathered}\boldsymbol{S}_\mathrm{b}=\sum_{i=1}^{c}n_i(\boldsymbol{u}_i-\boldsymbol{u})(\boldsymbol{u}_i-\boldsymbol{u})^\mathrm{T}\\ \boldsymbol{S}_\mathrm{w}=\sum_{i=1}^{c}\sum_{x_k\in i}(\boldsymbol{u}_i-\boldsymbol{x}_k)(\boldsymbol{u}_i-\boldsymbol{x}_k)^\mathrm{T}\end{gathered} \tag{6-2-14}$$

也可以表示为：

$$\boldsymbol{S}_\mathrm{b}=\sum_{i=1}^{c}P(i)(\boldsymbol{u}_i-\boldsymbol{u})(\boldsymbol{u}_i-\boldsymbol{u})^\mathrm{T} \tag{6-2-15}$$

$$\boldsymbol{S}_\mathrm{w}=\sum_{i=1}^{c}\frac{P(i)}{n_i}\sum_{x_k\in i}(\boldsymbol{u}_i-\boldsymbol{x}_k)(\boldsymbol{u}_i-\boldsymbol{x}_k)^\mathrm{T}=\sum_{i=1}^{c}P(i)E\{(\boldsymbol{u}_i-\boldsymbol{x})(\boldsymbol{u}_i-\boldsymbol{x})^\mathrm{T}\mid x_k\in i\}$$

其中，x 为属于第 i 类的样本集合，$P(i)$是指第 i 类样本的先验概率，也就是样本中属于第 i 类的概率$\left(P(i)=\dfrac{n_i}{m}\right)$，把 $P(i)$代入第二组定义类间离散度矩阵和类内离散度矩阵的式子中，可以看到公式(6-2-15)相比于(6-2-14)，在定义类间离散度矩阵和类内离散度矩阵上多乘了$\dfrac{1}{m}$。

矩阵$(\boldsymbol{u}_i-\boldsymbol{u})(\boldsymbol{u}_i-\boldsymbol{u})^\mathrm{T}$ 代表一个协方差矩阵，它描述了该类与样本总体之间的关系，该矩阵对角线上的函数所代表的是该类相对样本总体的方差(即分散度)，而非对角线上的元素所代表是该类样本总体均值的协方差(即该类和总体样本的相关联度或称冗余度)，所以公式(6-2-14)把所有样本中各个样本按照自身所在的类别求出样本与总体之间的协方差矩阵的总和，这从宏观上说明了所有类和总体之间的离散冗余程度。同理可以得出式(6-2-15)为类内各个样本和所属类之间的协方差矩阵之和，它所刻画的是从总体来看类内各个样本与类之间(这里所刻画的类特性由类内各个样本的平均值矩阵构成)的离散度,可以看出,类内离散度矩阵和类间离散度矩阵从宏观上分别刻画了类内样本的离散度与类间样本的离散度。不管是类内样本期望矩阵还是总体样本期望矩阵,都是起到高维模式样本和最佳鉴别矢量空间之间的媒介作用。

为了方便分类,一般希望类与类之间的耦合度低,类内的聚合度高,即类内离散度矩阵中的数值要小,而类间离散度矩阵中的数值要大。

引入 Fisher 判别准则表达式:

$$J_{\text{fisher}}(\boldsymbol{\varphi})=\frac{\boldsymbol{\varphi}^{\mathrm{T}}\boldsymbol{S}_b\boldsymbol{\varphi}}{\boldsymbol{\varphi}^{\mathrm{T}}\boldsymbol{S}_w\boldsymbol{\varphi}} \tag{6-2-16}$$

式中:$\boldsymbol{\varphi}$ 为任一 n 维列矢量。Fisher 线性判别分析方法就是选取使得 $J_{\text{fisher}}(\boldsymbol{\varphi})$ 达到最大值的矢量 $\boldsymbol{\varphi}$ 作为投影方向,其物理意义就是投影后的样本具有最大的类间离散度和最小的类内离散度。

把式(6-2-14)和式(6-2-15)代入式(6-2-16)得到:

$$J_{\text{fisher}}(\boldsymbol{\varphi})=\frac{\sum_{i=1}^{c}n_i\boldsymbol{\varphi}^{\mathrm{T}}(\boldsymbol{u}_i-\boldsymbol{u})(\boldsymbol{u}_i-\boldsymbol{u})^{\mathrm{T}}\boldsymbol{\varphi}}{\sum_{i=1}^{c}\sum_{x_k\in i}\boldsymbol{\varphi}^{\mathrm{T}}(\boldsymbol{u}_i-\boldsymbol{x}_k)(\boldsymbol{u}_i-\boldsymbol{x}_k)^{\mathrm{T}}\boldsymbol{\varphi}} \tag{6-2-17}$$

设矩阵 $\boldsymbol{R}=\boldsymbol{\varphi}^{\mathrm{T}}(\boldsymbol{u}_i-\boldsymbol{u})$,其中 $\boldsymbol{\varphi}$ 可以看成是一个空间,即 $\boldsymbol{\varphi}^{\mathrm{T}}(\boldsymbol{u}_i-\boldsymbol{u})$ 是$(\boldsymbol{u}_i-\boldsymbol{u})$构成的低维空间(超平面)的投影。$\boldsymbol{\varphi}^{\mathrm{T}}(\boldsymbol{u}_i-\boldsymbol{u})(\boldsymbol{u}_i-\boldsymbol{u})^{\mathrm{T}}\boldsymbol{\varphi}$ 也可表示为 $\boldsymbol{RR}^{\mathrm{T}}$,而当样本为列向量时,$\boldsymbol{RR}^{\mathrm{T}}$ 表示$(\boldsymbol{u}_i-\boldsymbol{u})$在 $\boldsymbol{\varphi}$ 空间的几何距离平方。所以可以推出 Fisher 线性判别分析表达式的分子即为样本在投影 $\boldsymbol{\varphi}$ 空间下的类间几何距离的平方和,同理也可推出在投影 $\boldsymbol{\varphi}$ 空间下分母作为样本的类内几何距离的平方差,这样分类问题就转化为找到一低维空间使得样本投影到该空间下时,类间距离平方和与类内距离平方和之比最大,即得到最佳分类效果。

根据上述思想,即通过最优化下面的准则函数找到一组有最优判别矢量构成的投影矩阵

$$\boldsymbol{W}_{\text{opt}}=\operatorname{argmax}\frac{|\boldsymbol{W}^{\mathrm{T}}\boldsymbol{S}_{\mathrm{b}}\boldsymbol{W}|}{|\boldsymbol{W}^{\mathrm{T}}\boldsymbol{S}_{\mathrm{w}}\boldsymbol{W}|}=(\boldsymbol{w}_1,\ \boldsymbol{w}_2,\ \cdots,\boldsymbol{w}_n) \tag{6-2-18}$$

可以证明,当 $\boldsymbol{S}_{\mathrm{w}}$ 为非奇异矩阵(一般在实现 LDA 算法时,都会对样本做一次 PCA 算法的降维,消除样本的冗余度,从而保证 $\boldsymbol{S}_{\mathrm{w}}$ 是非奇异矩阵)时,最佳投影矩阵 $\boldsymbol{W}_{\text{opt}}$ 的列向量恰为下列广义特征方程:

$$\boldsymbol{S}_{\mathrm{b}}\boldsymbol{\varphi}=\lambda\boldsymbol{S}_{\mathrm{w}}\boldsymbol{\varphi} \tag{6-2-19}$$

3) PCA 和 LDA 对比

PCA 是一种正交投影,它的基本思想是让原始数据在投影子空间的各个维度的方差最大。假设我们要将 N 维的数据投影到 M 维的空间上($M<N$),根据 PCA,我们首先求出 N 维数据的协方差矩阵,然后求出其前 M 个最大的特征值所对应的特征向量,那么这

M 个特征向量即为所求的投影空间的基。

用一句话来概括 LDA 的基本思想就是:投影后类内方差最小,类间方差最大,使得不同类别的数据尽可能分开,而相同类别的数据则尽可能紧凑地分布。

6.2.4 张量数据特征显示优缺点

PCA 和 LDA 都是经典的降维算法。PCA 是无监督算法,训练样本时不需要样本标签;LDA 是有监督算法,训练样本时需要样本标签。PCA 是直接去掉原始数据冗余的维度,而 LDA 则是选择一个最佳的投影方向,使得投影后相同类别的数据分布尽可能紧凑,不同类别的数据尽量相互远离。LDA 最多可以降到 $k-1$ 维(k 是训练样本的类别数量,因为最后一维的均值可以由前面的 $k-1$ 维的均值表示);LDA 可能会导致数据过拟合。

6.2.5 相关应用

在人脸识别中,如果输入 200 像素×200 像素的人脸图像,单纯提取它的灰度值作为原始特征,那么这个原始特征将达到 40 000 维,这么高维的数据给后面分类器的处理造成了很大的困难。著名的人脸识别 Eigenface 算法就是采用 PCA 算法,用一个低维子空间描述人脸图像,同时又保存了识别所需要的信息。

6.3 张量数据模式分类

6.3.1 简介

近年来,出现了许多关于张量数据的模型和算法,其中秩一支持张量机和高秩支持张量机是支持张量机的两种经典方法。可以将支持张量机视为支持向量机由向量空间到张量空间的推广。在本节中,我们首先给出线性可分问题的定义,介绍基于张量数据的线性可分问题;其次介绍用于解决张量线性可分问题的秩一支持张量机和高秩支持张量机这两种经典的支持张量机模型。虽然支持张量机是支持向量机由向量空间到张量空间的推广,但两者在模型上仍有很大差异。支持向量机是建立在最大间隔原则之上的,最大间隔的建立提高了所得到的分类器的抗扰动性。由支持向量机推广而来的支持张量机是否满足最大间隔原则?若满足,支持张量机的最大间隔原则和支持向量机的最大隔间原则有什么不同,有什么样的优点和缺点?在本节中,我们将通过比较支持张量机和支持向量机的模型和算法,对支持张量机的模型进行深入的研究和分析,以便回答上述问题。此外,本节还会介绍基于张量数据的非线性可分问题。

6.3.2 定义

本节主要讨论张量数据的线性可分问题。首先我们给出基于张量数据二分类问题的训练集:

$$\boldsymbol{\Gamma}=\{(\boldsymbol{X}_1,\ y_1),\ \cdots,(\boldsymbol{X}_l,\ y_l)\}\in(\mathbf{R}^{l_1}\otimes\cdots\otimes\mathbf{R}^{l_M},Y)^l \tag{6-3-1}$$

输入为 M 阶张量 $\boldsymbol{X}_i$，$i=1,2,\cdots,l$，$y_i \in Y=\{1,-1\}$是 $\boldsymbol{X}_i$ 的标签。

线性可分问题就是其训练集能用一个超平面完全分开的问题。从数学角度来说，线性可分问题具有如下确切定义：

对于式(6-3-1)所示的训练集 $\boldsymbol{\Gamma}$，若存在 M 阶张量 $\boldsymbol{W}\in \mathbf{R}^{I_1}\otimes\cdots\otimes\mathbf{R}^{I_M}$，$b\in\mathbf{R}$，$\varepsilon\in\mathbf{R}_+$，使得标签为 1 的训练点满足 $\langle \boldsymbol{W},\boldsymbol{X}_i\rangle+b\geqslant\varepsilon$，标签为 -1 的训练点满足 $\langle \boldsymbol{W},\boldsymbol{X}_i\rangle+b\leqslant-\varepsilon$，则称训练集 $\boldsymbol{\Gamma}$ 线性可分，称相应的问题为线性可分问题。

我们可以用数学语言将基于张量数据的线性分类问题描述如下：

对于给定的如式(6-3-1)所示的训练集 $\boldsymbol{\Gamma}$，在张量空间 $\mathbf{R}^{I_1}\otimes\cdots\otimes\mathbf{R}^{I_M}$ 中，寻找一个实值函数 $g(\boldsymbol{X})$，从而用决策函数 $f(\boldsymbol{X})$来推断任一输入 $\boldsymbol{X}$ 所对应的标签 y。

$$f(\boldsymbol{X})=\operatorname{sgn}(g(\boldsymbol{X}))=\operatorname{sgn}(\langle\boldsymbol{W},\ \boldsymbol{X}\rangle+b) \tag{6-3-2}$$

式中：sgn 为符号函数，返回表示数字符号的整数。

6.3.3　常见的理论方法

1) 秩一支持张量机

由于张量可以被看作是向量的推广，因此，支持向量机可以直接从向量空间推广到张量空间，得到下面的支持张量机模型：

$$\begin{aligned}&\underset{W,b,\zeta}{\operatorname{argmin}}\ \frac{1}{2}\|\boldsymbol{W}\|_{\mathrm{F}}^{2}+C\sum_{i=1}^{l}\xi_i\\ \text{s. t.}\quad & y_i(\langle\boldsymbol{W},\ \boldsymbol{X}_i\rangle+b)\geqslant 1-\xi_i\\ &\xi\geqslant 0,\quad i=1,\ 2,\ \cdots,\ l\end{aligned} \tag{6-3-3}$$

式中：$\boldsymbol{W}$ 和输入 $\boldsymbol{X}_i$ 均为 $I_1\times\cdots\times I_M$ 的 M 阶张量，$i=1,2,\cdots,l$，$y_i\in Y=\{1,-1\}$是 $\boldsymbol{X}_i$ 的标签。根据式(6-3-3)得到的决策函数为：

$$f(x)=\operatorname{sgn}(g(\boldsymbol{X}))=\operatorname{sgn}(\langle\boldsymbol{W},\ \boldsymbol{X}\rangle+b) \tag{6-3-4}$$

式中：$\boldsymbol{W}$ 为权重张量。

若将式(6-3-3)中的张量 $\boldsymbol{W}$ 和 $\boldsymbol{X}_i$ 按照同一个张量模式进行展开，即通过下述映射：

$$\begin{aligned}&\mathbf{R}^{I_1}\otimes\cdots\otimes\mathbf{R}^{I_M}\rightarrow\mathbf{R}^{\prod_{k=1}^{M}k}\\ vec(\cdot):\quad&\boldsymbol{W}\rightarrow\boldsymbol{w}\\ &\boldsymbol{X}_i\rightarrow\boldsymbol{x}_i\end{aligned} \tag{6-3-5}$$

就可分别将支持张量机和决策函数转换成支持向量机和另一决策函数，也就是说，对于同一个数据集，无论这个数据集中的数据类型是向量型还是张量型，最终用分类器来预测测试点所得到的标签是相等的。在本书中，我们称支持张量机和支持向量机是等价的，需要注意的是，这里所谓的等价并不是最优化理论里的模型等价，而是无论是什么类型的数据集，分类器最终的分类结果永远是一样的，也就是预测效果上的等价性。

与向量相比，用张量来表示数据能够保留更多的结构信息，而从机器学习的角度来说，信息量的增多有利于提高最终决策的准确率；支持张量机是支持向量机由向量空间到张量空间的推广，即在处理分类问题时，支持张量机更具有一般性，其得到的分类结果应该优于支持向量机。通过上述分析，我们不难得出，支持张量机不应和支持向量机具有等价性，但在理论上为什么会出现等价性，主要原因在于优化问题中的范数和内积并没有保持更多张量的结构信息，换句话说，支持张量机和支持向量机中所具有的结构信息是相等的。

在预测效果方面，支持张量机和支持向量机是等价的，因此，支持张量机和支持向量机都没有保持更多的张量结构信息，而且支持张量机仍然容易出现过拟合现象。为了保持更多的张量结构信息和有效地避免过拟合现象的出现，结合张量的分解，即通过式(6-3-6)的映射将式(6-3-3)中的权重张量$\boldsymbol{W}$用秩一张量$\bigotimes_{k=1}^{M}\boldsymbol{w}_k=\boldsymbol{w}_1\otimes\boldsymbol{w}_2\otimes\cdots\otimes\boldsymbol{w}_M$来进行替换。

$$\begin{aligned}\Psi_{\mathrm{CP}}(\cdot):\mathbf{R}^{l_1}\otimes\mathbf{R}^{l_2}\otimes\cdots\otimes\mathbf{R}^{l_M}&\rightarrow\mathbf{R}_1\\ \boldsymbol{W}&\rightarrow\bigotimes_{k=1}^{M}\boldsymbol{w}_k\end{aligned}\tag{6-3-6}$$

式中：R_1 为所有秩一张量构成的集合。

这样不仅可以保留更多的张量结构信息，而且将式(6-3-3)中关于权重张量的参数总数由 $\prod_{k=1}^{M}I_k$ 优化为 $\sum_{k=1}^{M}I_k$。当样本点的规模比较大时，$\sum_{k=1}^{M}I_k$ 将会远远小于 $\prod_{k=1}^{M}I_k$。

当分类问题为高维小样本问题，即样本点总数远远小于样本点维数时，由于训练点的个数比较少，因此容易出现过拟合现象。而避免过拟合现象比较有效的方法就是减少参数的个数，于是，通过结合优化问题式(6-3-3)和映射式(6-3-6)，便得到了秩一支持张量机，其优化问题如下：

$$\begin{aligned}&\min_{w_{k\,k=1}^{M},b,\zeta}\ \frac{1}{2}\left\|\bigotimes_{k=1}^{\mathrm{M}}\boldsymbol{w}_k\right\|_{\mathrm{F}}^{2}+C\sum_{i=1}^{l}\xi_i,\\ &\text{s.t.}\quad y_i(\langle\bigotimes_{k=1}^{\mathrm{M}}\boldsymbol{w}_k,\boldsymbol{X}_i\rangle+b)\geqslant 1-\xi_i\\ &\qquad\ \xi\geqslant 0,\quad i=1,2,\cdots,l\end{aligned}\tag{6-3-7}$$

其中，权重张量为 M 阶秩一张量 $\bigotimes_{k=1}^{\mathrm{M}}\boldsymbol{w}_k$，输入为 M 阶张量 $\boldsymbol{X}_i\in\mathbf{R}^{l_1}\otimes\cdots\otimes\mathbf{R}^{l_M}$，$y_i\in Y=\{+1,-1\}$为$\boldsymbol{X}_i$ 的标签，$\boldsymbol{\xi}=(\xi_1,\xi_2,\cdots,\xi_l)^{\mathrm{T}}$ 为松弛变量，正则化参数 $C>0$。最终得到的决策函数具有如下形式：

$$f(\boldsymbol{X})=\mathrm{sgn}(g(\boldsymbol{X}))=\mathrm{sgn}(\langle\bigotimes_{k=1}^{M}w_k,\boldsymbol{X}\rangle+b)\tag{6-3-8}$$

类似于支持向量机，下面给出秩-支持张量机求解的算法。首先给出式(6-3-7)的 Lagrange 函数：

$$L(\boldsymbol{w}_k \mid_{k=1}^{M}, b, \xi, \alpha, \beta)=\frac{1}{2}\left\| \bigotimes_{k=1}^{M} \boldsymbol{w}_k \right\|_F^2 + C\sum_{i=1}^{l}\xi_i - \sum_{i=1}^{l}\alpha_i^{\left[y_i\left(\left\langle \bigotimes_{k=1}^{M} \boldsymbol{w}_k, \boldsymbol{X}_i\right\rangle + b\right)-1+\xi_i\right]} - \sum_{i=1}^{l}\beta_i\xi_i \tag{6-3-9}$$

式中：$\alpha_i \geqslant 0$ 和 $\beta_i \geqslant 0$ 为 Lagrange 乘子。

分别对原始变量 $\boldsymbol{w}_m$，b，ξ_i 求导，得到最优性条件为：

$$\frac{\partial L}{\partial \boldsymbol{w}_m}=0 \Rightarrow \boldsymbol{w}_m=\frac{\sum_{i=1}^{l}\alpha_i y_i(\boldsymbol{X}_i \cdot \boldsymbol{w}_m)}{\prod_{k=1,k\neq m}^{M}\|\boldsymbol{w}_k\|_2^2} \tag{6-3-10}$$

$$\frac{\partial L}{\partial b}=0 \Rightarrow \sum_{i=1}^{l}\alpha_i y_i=0 \tag{6-3-11}$$

$$\frac{\partial L}{\partial \xi_i}=0 \Rightarrow C-\alpha_i-\beta_i=0 \tag{6-3-12}$$

$\boldsymbol{w}_m$ 和 $\boldsymbol{w}_k \mid_{k=1,k\neq m}^{M}$ 是相互依赖的，不能通过求解对偶问题的方法得到优化问题的最优解。针对变量不相互独立的优化问题，最常用的方法就是交替迭代算法。所谓交替迭代算法，就是固定优化问题(6-3-7)中的 $\boldsymbol{w}_k \mid_{k=1,k\neq m}^{M}$ 不变，将式(6-3-7)转变成变量为 $\boldsymbol{w}_m$、b 和 ξ_i 的凸优化问题，也就是支持向量机问题。具体的算法如表 6-3-1 所示。

表 6-3-1　解决秩一支持向量机问题的交替迭代算法流程

输入：训练集 $\boldsymbol{\Gamma}=\{(\boldsymbol{X}_1,y_1),(\boldsymbol{X}_2,y_2),\cdots,(\boldsymbol{X}_l,y_l)\}\in(\mathbf{R}^{l_1}\otimes\mathbf{R}^{l_2}\otimes\cdots\otimes\mathbf{R}^{l_M}\times Y)^l$

输出：$\boldsymbol{w}_k^* \in \mathbf{R}^{l_k}$，$k=1,2,\cdots,M$，$b^* \in \mathbf{R}$

① 选取参数 $C>0$，$\varepsilon>0$，设置向量 $\boldsymbol{w}_k \mid_{k=1}^{M}$ 的初始值均为全 1 向量；

② 对于 $1\leqslant m\leqslant M$ 求解优化问题：

$$\begin{aligned}&\underset{\boldsymbol{w}_m,b,\zeta}{\operatorname{argmin}}\ \frac{\gamma}{2}\|\boldsymbol{w}_m\|_2^2+C\sum_{i=1}^{l}\xi_i,\\ &\text{s. t.}\quad y_i(\boldsymbol{w}_m^{\mathrm{T}}x_i+b)\geqslant 1-\xi_i\\ &\qquad\quad \xi\geqslant 0,\quad i=1,2,\cdots,l\end{aligned}$$

得到最优解 $\boldsymbol{w}_m^*$，其中 $x_i=\boldsymbol{X}_i\bar{\times}_m\boldsymbol{w}_m$，$\gamma=\prod_{k=1,k\neq m}^{M}\|\boldsymbol{w}_k\|_2^2$。

③ 循环步骤②，直到满足下列终止性条件：

$$\|\boldsymbol{w}_{m,i}-\boldsymbol{w}_{m,i-1}\|_2\leqslant\varepsilon$$

2）高秩支持张量机

为了提高分类方法的泛化能力，权重张量中参数的个数应该随着训练点个数的变化而调整，使得在学习过程中，既不会出现过拟合现象，也可以避免欠拟合现象的发生。基于这种思想，Kotsia 提出了高秩支持张量机。

由于高秩支持张量机是秩一支持张量机从秩一到高秩的推广，在模型和算法上二者具有高度的相似性，因此，在本节的开始我们首先给出高秩支持张量机的模型和算法。本节的重点是介绍高秩支持张量机与秩一支持张量机的不同。

在给出高秩支持张量机的模型之前，为了保持和秩一支持张量机在形式上的相似，我们首先引入如下算子：

$$
D(\cdot):\quad \begin{aligned} &\mathbf{R}^{I_1}\otimes\mathbf{R}^{I_2}\otimes\cdots\otimes\mathbf{R}^{I_M}\to D \\ &W\to\sum_{r=1}^{R}\bigotimes_{k=1}^{M}w_k^r \\ &W\to\zeta\times_1 A_1\times_2 A_2\times\cdots\times_M A_M \end{aligned} \tag{6-3-13}
$$

式中：算子 $D(\cdot)$ 为张量分解算子；D 为张量分解后所在的空间；R 值和核张量 ζ 决定了空间 D 的不同。

基于算子 $D(W)$，支持张量机可统一成如下优化问题：

$$
\begin{aligned} &\underset{w_m,b,\zeta}{\operatorname{argmin}}\ \frac{1}{2}\|D(w)\|_{\mathrm{F}}^2+C\sum_{i=1}^{l}\xi_i \\ &\text{s.t.}\quad y_i(\langle D(w),\ X_i\rangle+b)\geqslant 1-\xi_i \\ &\qquad\ \ \xi\geqslant 0,\quad i=1,\ 2,\ \cdots,\ l \end{aligned} \tag{6-3-14}
$$

一般情况下，由于 M 阶张量 $D(W)$ 的 CP 秩被限制大于 1，因此，式(6-3-14)称为高秩支持张量机。类似于秩一支持张量机，求解高秩支持张量机也需要进行交替迭代，算法如表 6-3-2 所示。

表 6-3-2　解决高秩支持向量机问题的交替迭代算法流程

输入：训练集 $\boldsymbol{\Gamma}=\{(\boldsymbol{X}_1,y_1),\cdots,(\boldsymbol{X}_l,y_l)\}\in(\mathbf{R}^{I_1}\otimes\mathbf{R}^{I_2}\otimes\cdots\otimes\mathbf{R}^{I_M}\times Y)^l$
情形 1：当 $D(\boldsymbol{W})=\sum_{r=1}^{R}\bigotimes_{k=1}^{M}w_k^r$ 时，参数 R；
情形 2：当 $D(\boldsymbol{W})=\zeta\times_1 A_1\times\cdots\times_M A_M$ 时，参数 $g_i, i=1,2,\cdots,M$
输出：
情形 1：输出为 $w_k^r\in\mathbf{R}^{I_k}, k=1,2,\cdots,M, b^*\in\mathbf{R}$
情形 2：输出为 $\zeta^*\in\mathbf{R}^{g_1}\otimes\mathbf{R}^{g_2}\otimes\cdots\otimes\mathbf{R}^{g_M}, A_k^*\in\mathbf{R}^{I_k}\otimes\mathbf{R}^{g_k}$，$k=1,2,\cdots,M, b^*\in\mathbf{R}$
① 选取参数 $C>0,\varepsilon>0$。
情形 1：设置向量 $\boldsymbol{w}_k^r(k=1,2,\cdots,M,r=1,2,\cdots,R)$ 的初始值均为全 1 向量；
情形 2：分别设置核张量 $\boldsymbol{\zeta}$ 和矩阵 $\mathbf{A}_k(k=1,2,\cdots,M)$ 的初始值为单位张量和单位矩阵。
② 无论 M 阶张量 $D(W)$ 采取何种张量分解形式，均采取除一个变量外，固定其余变量的技巧，最终高秩支持张量机式(6-3-14)可以被转化成支持向量机问题，通过求解支持向量机问题，得到最优解：
情形 1：$\boldsymbol{w}_k^{r^*}$；
情形 2：ζ^* 和 $A_k^*(k=1,2,\cdots,M)$。
③ 循环步骤②，直到满足下列终止性条件：
$\|(D(W))_i-D(W)_{i-1}\|_F\leqslant\varepsilon$

3) 张量的非线性可分问题

在实际问题中,大多数分类问题都是非线性可分问题。目前,研究张量数据的非线性可分现象的方法有两种:一种是构造张量核函数,将样本点从输入空间映射到高维特征空间,从而把输入空间的非线性分类问题转换成高维特征空间中的线性分类问题;另一种是将非线性可分问题分割成若干个线性可分的小问题,求出每一个线性可分小问题的线性分类器,将这若干个线性分类器作为非线性问题最终的分类器。在第一种方法中首要问题是构造出能保留多张量结构信息的张量型核函数。目前,主要存在以下四种类型的张量核函数:朴素张量核函数、数组型张量核函数、传统张量核函数和保持张量结构的张量核函数。

6.3.4 张量数据模式分类优缺点

秩一支持张量机的最大间隔是建立在秩都不大于1的张量子空间上,权重张量中参数的个数已经达到最少,最大可能地避免了过拟合现象的发生,但参数过少则有可能导致欠拟合现象,因此,当训练点的个数越少时,秩一支持张量机的优势就越明显;反之,当训练点的个数比较多时,可能会导致过拟合现象,出现不理想的分类效果。

总之,秩一支持张量机将权重张量限制在秩都不大于1的张量子空间上,容易受到训练点个数的影响,其泛化能力不是很强,所以这种限制并不是非常理想。为了形象地体现出秩一支持张量机的局限性,将"训练点个数-参数个数"建成如图6-3-1所示的二维坐标系,当对应的点出现在坐标系的左下方时,其达到的分类效果是比较理想的;若出现在右上方区域,则分类效果可能不及出现在其他两个区域时的效果,在很大程度上会出现过拟合和欠拟合现象。由此可见,何时适合使用秩一支持张量机,需要权衡参数个数和训练点个数,也就是权衡样本点的规模和训练点的个数。

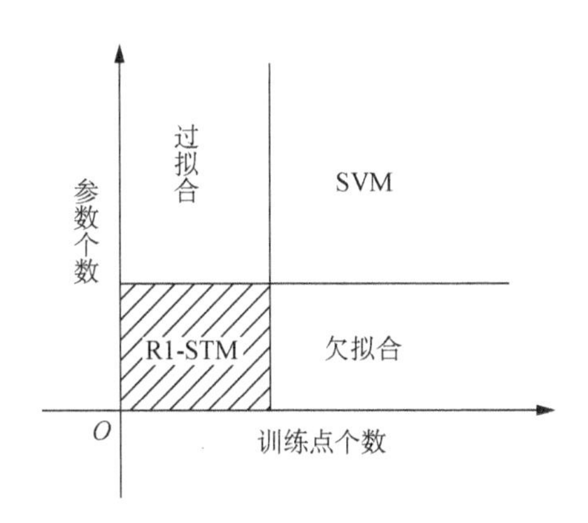

图6-3-1 秩-支持张量机的适用区域

与秩一支持张量机相比,高秩支持张量机权重张量的参数个数分别受 R 或 g_k 取值的影响,因此,对于不同的数据集来说,当训练点的个数比较多时,可以通过调整 R 和 g_k 的取值增加参数的个数,从而避免欠拟合现象的发生;当训练点的个数比较少时,可以通过调整 g 和 g_k 的取值来减少参数的个数,从而避免过拟合现象的发生。因此,通过调整 R

和 g_k，高秩支持张量机可以针对不同的数据集设置不同的参数个数，进而避免过拟合或欠拟合现象的发生，与秩一支持张量机相比其具有比较强的泛化能力。除此之外，高秩支持张量机比秩一支持张量机可以保留更多的张量结构信息。

类似于秩一支持张量机，高秩支持张量机的求解也需要使用交替迭代算法，而迭代的步数和优化问题中参数的个数有很大关系。因此，求解高秩支持张量机的迭代次数要大于求解秩一支持张量机的迭代次数。无论在计算时间还是计算储存上，高秩支持张量机都要劣于秩一支持张量机。

6.3.5　相关应用

在生物医学领域，结构磁共振成像(sMRI)本身具有三维张量结构，而传统的向量空间机器学习方法将其展开成二维向量进行建模，这破坏了数据的内在结构信息的完整性，降低了机器学习性能。为了克服数据向量化的弊端，南方医科大学的徐盼盼等人提出了一种基于支持张量机的以 3DT1 加权 MR 脑白质图像为输入的阿尔兹海默病诊断算法。该方法首先对采集的数据进行预处理操作，把这些数据分割为灰质、白质、脑脊液三个部分，提取脑白质各体素的灰度值用于构建三阶灰度张量；其次用递归特征消除(Recursive Feature Elimination，RFE)法结合支持张量机进行特征选择；最后用支持张量机进行分类。该方法保持了原始图像中三维张量结构的完整性，从而大大提高了分类器的性能。

习　题

1. 三维(张量)数据信号去噪常见的理论方法有哪些？
2. 请概述张量数据特征显示优缺点。
3. 试述主成分分析的基本思想，它的作用具体体现在何处？
4. 请概述张量数据模式分类优缺点。
5. 如何理解张量的线性可分问题和线性不可分问题？
6. 请列举三维(张量)数据模式分类相关应用。

第 7 章　智能信号处理应用

7.1　智能机器人感知技术应用

7.1.1　背景介绍

机器人，是指具备一定智能的可运动、可操作的机械器具和装置，是集机械制造、电子电路、传感器、计算机控制等多种先进前沿科技为一体的新型智能技术产物。从 20 世纪 60 年代可编程机器人技术诞生至今，研究人员围绕着人工智能科技开展了大量研究。随着科技的发展，人类生产、生活中新型产品的不断产生，机器人产业所涉及的领域也从简单、机械的工业生产领域拓展到军事、生物医学、航天、航海等多元化复杂领域。现代机器人通过综合使用多种组合装置，能够完成各类艰巨的任务，从而代替人类从事繁重或危险的活动。

如今，机器人的应用领域和使用场景更是十分广泛，尤其是在军事、工程、医疗方面更是有远超常人想象的功能。“中国制造 2025”的提出，将智能制造与机器人的发展列入现阶段国家大力发展、致力突破的前端位置。当前，机器人智能感知技术成为机器人技术新的研究方向，而多传感器融合技术正是多年来机器人智能感知技术不断进步的重要突破点。

自动化人工智能对周围环境数据进行智能感知，即移动人工智能以利用自身所带的感应器收集所处自然环境下的环境数据，在感知和学习的基础上构建所在自然环境的模式，来表达所在自然环境的数据信息。

7.1.2　关键技术

1）多传感器融合技术

多传感器融合技术，是指在系统内通过多个传感器收集信息，并对得到的各种信息加以适当智能处理的方法。在机器人系统的各个部位配备了多种感应器收集局部信息，并利用信号融合方法消除多传感器信号之间可能存在的冗余信号，形成对机器人所在环境更为完整和准确的理解。常用的信息融合方法有估计方法、分类方法、推理方法和人工智能方法，常用的算法有卡尔曼滤波、参数模板法、贝叶斯推理、自适应神经网络等。与采用单个传感器的系统比较，使用多传感器的系统混合设计的智能机器人系统可以更充分地了解周围环境，精确定位，避开障碍，同时拥有较好的安全性和容错性，在复杂环境中也可以良好地运行。

多传感器数据融合的结构需要考虑两点：一是传感器数据的连接方式；二是系统对传

感器数据融合的控制特点。目前许多专家采用信息黑板式的融合结构，将中央单元设计成各个单元的信息交流中心，将计算机单元的计算负担分担到传感器单元，缓解了集中计算所带来的瓶颈问题。

2）人机协作与融合机器人技术

随着机器人技术逐渐迈向现代化，人机合作的意义日益得到彰显。2016年，国际标准化组织出台了更新的人类合作机器人标准，提出要实现机器人和人类之间的融洽共处，新一代自动化机器人将具备高度安全性、舒适性、环境适应性，以及容易自动化编程的优点特性。

实现人机交互的方式与媒介多种多样，主要包括自然语言、视觉、听觉和触觉等。目前人机交互技术包括人机交互与融合过程中的高安全决策机制、三维全息环境建模、高精度的触觉传感器、力传感器和图像解析算法等。

3）多智能体机器人系统

通过一定数量智能机器人自主个体的相互协作与自组织，可以构成多智能体机器人系统，能够实现单独个体无法完成的复杂功能，且易于扩展和升级。

多智能体机器人系统通常采用分布式的控制策略，通过协同工作提高任务执行效率，通过冗余量提升系统鲁棒性。系统内每个个体所具备的能力比较局限，但通过个人的数据传输和交互后，整体控制系统在集体层次上显示出有效的协调配合功能和高度人工智能水平，可以完成个人不能完成的繁重、复杂、精密工作。多智能体机器人系统在传感器的协调数据处理、多机器人协调、无人航空器编队，以及多机器人臂操作控制等领域都存在着广阔的发展前景。研究的焦点还包括网络协调的收敛效率的提高、有限时间控制系统的实现、时变系统下多机器人网络的拓扑描述及通过启发式计算进行群体机器人的分布式协同研究等。通过将多个个体获得的信息相融合，多智能体机器人系统可以对周围的环境实现更加精确、复杂的感知和定位。

4）强化学习

强化学习是一个通过与情境互动，进行试探和判断，由情境对练习的反馈的训练方式，其目的就是使长期的奖励信息（即激励信息）获得最大值。随着智能机器人技术的发展，人们对机器人的学习能力与自适应能力提出了新的要求。由于其学习过程相对符合人类和动物的学习过程，可以不需要构建环境模型实现无导师学习，强化学习不断受到关注。

强化学习的理论基础是马尔可夫决策过程（Markov Decision Process，MDP），可以用一个四元组$\langle S,A,T,R\rangle$表示，其中S表示有限的环境状态集，A为对应每一状态可能的有限动作集，T表示从状态-动作对到另一状态的转换函数，$T:S\times A\rightarrow S$，R为状态-动作对的奖励函数。如果已知环境的状态模型，即在状态s下执行动作a，环境转移到状态s的概率为$P(s'|s,a)$，则状态s下，值函数应该满足贝尔曼方程：

$$V(s)=\arg\max_a Q(s,a);Q(s,a)=r(s,a)+\gamma\sum_{s'}P(s'|s,a)V(s') \quad (7\text{-}4\text{-}1)$$

式中：$Q(s,a)$表示动作的值函数；$r(s,a)$为状态-动作对(s,a)的立即奖赏值；γ为累计奖

赏折扣率。在 $P(s'|s,a)$ 已知的情况下，可以利用动态规划求解贝尔曼方程从而迭代求解最优策略，但实际情况下，$P(s'|s,a)$ 往往未知。蒙特卡罗方法基于状态、动作和与实际环境交互得到奖励样本序列，利用样本平均回报值估计策略的值函数，无须预知环境特征，但需要到阶段性任务完成后才能学习值函数。瞬时差分(时序差分)融合了动态规划与蒙特卡罗方法的思想，直接从经验中学习，不需要借助外部环境的动力学模型，其更新状态值函数的估计依赖于其他已经学习得到的估计。瞬时差分学习利用的瞬时差分误差为：

$$e=r(s_t,\ a)+\gamma V(s_{t+1})-V(s_t) \tag{7-1-1}$$

式中：$V(s_t)$ 为 t 时刻的估计值；$V(s_{t+1})$ 为执行动作 a 后的估计值。简单的瞬时差分 $TD(0)$ 一步回溯估计值更新公式为：

$$V(s_t)\leftarrow V(s_t)+\alpha[r_{t+1}+\gamma V(s_{t+1})-V(s_t)] \tag{7-1-2}$$

绝大多数情况下，强化学习的应用环境都是未知的。为解决这一问题，可以通过神经网络、贝叶斯方法等构造近似的 $P(s'|s,a)$。目前常用的无模型强化学习方法有基于瞬时差分方法发展而来的深度Q学习网络等。

通过与环境交互完成学习，强化学习在智能机器人中的应用使得机器人的自主学习、自适应能力得到了极大提升，成为智能机器人技术中的关键一环。

7.1.3 应用实例

1) 无人驾驶中的智能机器人感知技术

汽车的自动驾驶系统主要可以分为控制执行、决策规划、环境感知等三个模块。自动驾驶系统应当能够准确预测并回应人类的行为。实际应用环境下，无人驾驶车辆往往需要处理复杂路况，这就要求自动驾驶系统具有精准观察路况、交通标志与信号、其他车辆及行人行为的能力，对车辆周围环境及车辆行驶状态进行即时、精密的监测，这显然需要借助多传感器融合技术。

车联网技术是无人汽车应用中新的研究热点。车联网系统可以被视为一种多智能体机器人系统。将无线数字传输系统插入道路与交通信息系统的互联汽车中，即可使互联车辆收到来自交通信号系统中的数字化信息，并使之成为无人驾驶汽车的一种信息，同时这些信息还可以作为导航信息指引车辆行进。通过联网车辆间的信息交互，无人驾驶汽车能够得知周边联网车辆的行驶状态信息，如位置、距离、速度、相对速度、加速度等，并对其行为进行判断与预测，以避免交通事故的发生，如在对方紧急刹车时同步减速等。

2) 强化学习在智能机器人感知中的应用

因为具有不需要提供外界环境模型、无导师等特点，强化学习在机器人中得到广泛应用。利用强化学习算法结合行为融合，机器人能够在避开障碍物的同时完成到达既定目标点的任务。利用强化学习，还能够进一步提升对特定内容的识别准确率，实现更加精确的机械臂抓取。

7.1.4 发展前景

随着新技术与新需求的出现，机器人理论与技术将得到进一步发展。智能机器人的工作环境将会是未知和更加复杂的,更加趋于动态变化,对环境感知与人机交互的要求将会进一步提升。信息融合、环境建模、学习机制将是未来智能机器人感知技术研究的重要内容。多传感器融合技术、多智能体机器人系统、人工智能化将是未来智能机器人感知技术的发展趋势。

目前,中国已然成为制造业大国,并拥有当今世界上门类最完备、独立完整的工业体系和最强有力的工业基础设施。但中国工业大而不强,技术存在外部依赖性,缺乏自主创新,同时自动化水平与发达国家相比仍然较低,产业结构亟待优化。同时,服务机器人的发展使机器人走入大众生活,具有广阔的应用前景。在此时代背景下,机器人取代人工及机器人智能化将成为长期发展趋势。未来,智能机器人感知技术将进一步与人工智能技术结合,通过更高精度的识别系统实现对外界环境与自身状态的有效感知,并将运用在诸如军用技术、工业生产、日常生活等各个方面。

7.2 智能室内外定位技术应用

7.2.1 背景介绍

基于定位的服务(Location Based Service,LBS)是指在用户的无线终端上通过使用卫星通信技术、无线蜂窝通信网络、无线局域网等通信方式收集定位数据以及整合其他数据后,向消费者提供基于定位数据的个性化服务。LBS 技术在现代生活中已经获得了广泛的运用,包括交通引导、医学急救、社会化媒体、休闲娱乐、物流业务,以及移动广告投放等。同时,LBS 在无线通信系统优化发展进程中扮演了关键的角色,如通过位置数据对不均的网络业务量进行控制,通过对频率信息的动态分配策略提升频率效益,通过对现有路由算法和网络拓扑架构进行优化提升网络效能,进行更为灵活安全的网络拓扑控制等等。所以,位置数据的收集对于数字化应用和无线通信系统优化的推广有着重大的作用。

全球定位系统(Global Positioning System,GPS)的建立和应用使位置信息技术得以更深入发展。定位技术在手段、定位精度、有效性等方面都实现了质的跨越,并逐渐渗透进军用领域、专业领域以及社会生活的方方面面,成为人们生活中不可或缺的关键技术。

近年来,消费者对定位精度的需求也是日益增加。由于 GPS 网络和基站建设的完善,室外定位网络已比较完善。但鉴于室内环境条件复杂、对定位精度的要求较高等原因,室内定位技术亟待进一步开发,因此室内定位技术也逐步成为定位行业的研发热点。而室内定位技术的研发最初可追溯至 1996 年由联邦无线电理事会所颁布的 E-911 定位标准。目前,市场上主导的室内定位方法基本上包含了蓝牙、红外、无线电识别方法、WLAN、超声波等,但还缺乏一个普适化方法能够满足全部的室内定位要求。

7.2.2 简介

目前主流的定位技术主要可以分为卫星定位技术、基于网络的定位系统和感知定位技术等三个类型。

1）卫星定位技术

卫星定位技术，是指通过人造卫星对活动物体实施定位，主要依靠全球导航卫星系统（Global Navigation Satellite System，GNSS）获取被观测对象的位置信息。GNSS泛指所有卫星导航系统，包括全球的、区域的和增强的卫星导航系统，是可以在自然状态下或近地空中的任何地点全天候地为使用者带来三维空间定位、运动速率和时间数据的空基无线电导航服务定位控制系统。全球的卫星导航系统包括美国的GPS、俄罗斯的Glonass、欧洲的Galileo以及我国的北斗卫星导航系统，区域卫星导航系统包括日本的QZSS（准天顶卫星系统）、印度的IRNSS（印度区域导航卫星系统），相关的增强系统包括美国的WAAS（广域增强系统）、欧洲的EGNOS（欧洲地球同步导航重叠服务）和日本的MSAS（多功能运输卫星扩增系统）等。卫星导航技术现已基本替代了地面无线电导航、传统大地测量技术和常规天象观测与导航技术。

卫星定位技术定位精度高、保密性好、覆盖范围广，被广泛应用于室外定位。其缺点是：需在户外使用且要求环境开阔；由于"峡谷效应"在高楼、隧道、立交桥等环境可能定位失败；初次定位耗时较长；精度易受城市复杂环境干扰而下降。

2）基于网络的定位技术

基于网络的定位方法利用网络基址、连接点等互联网设施，对移动位置目标实现了确定。当位于互联网覆盖范围内的移动终端被察觉后，其基站的控制点就会测量其到该移动终端的位置，从而确定其方位。这种定位技术依赖于移动通信网络设施。移动通信系统中一般是将发源区的所有移动终端都确定在所注册的基站的范围之内，所以移动定位精度也和基站的范围密切关联，相对而言精度较低。除此之外，还可以利用Wi-Fi等无线局域网进行定位。根据Wi-Fi访问点自身的位置及移动终端接收信号的强度，可以进行更加精确的定位，主要定位方法包括基于三边测量的方法和基于信号强度指纹的方法。

基于网络的定位技术精度相对较低，得益于基站数量与密度，能够覆盖较广范围，可应用于室内、室外定位。

3）感知定位技术

感知定位技术指在一定空间区域内部署感应器，在移动对象进入感应器监测范围时感应器会获取其定位信号。通常，感知定位技术要求一个信息的传输端连接至一个信息的接收端，在传输端和接收端间相距较小时就可以进行移动对象的辨识。但受制于这一要求，感知定位技术一般被用作短距离辨识。常见的感知定位信息技术有无线射频识别技术（Radio Frequency Identification，RFID）。

感知定位技术使用的传感器多种多样，常用到的有航迹推算感测器、惯性感测器（加速度计和陀螺仪等）、磁罗盘、压力计和倾角计等。随着电脑视觉科技和机器人科学技术的发展，还可以通过视觉传感器、激光雷达等传感器完成同步定位与建图，实现对室内环境的感知与适应。

感知定位技术精度高，覆盖范围小，主要应用于室内定位及对移动对象自身运动状态的感知。

7.2.3 关键技术

同步定位与地图构建(Simultaneous Localization and Mapping,SLAM)是一种用于机器人自主定位与导航的常用方法。当移动机器人身处未知环境中时,为了完成在环境地图上对自身位置的定位,就需要利用自己的传感器建立3D环境地图,从而判断自己的所在地,这就是SLAM。

SLAM技术所利用的传感器可以分为内部传感器和外部传感器。内部传感器指机器人内置的,用于记录机器人运动状态的传感器,如惯性导航、里程计、陀螺仪等。这些传感器不依赖于外部环境,采集的信息常用于预测机器人的运动状态。

人工智能在室内外定位中得到了广泛应用,并与传统定位方法进行了有机结合。目前,新一代计算机在卫星定位上的运用主要集中在利用神经网络对高程信息的综合、变换等方面。通过GPS所获取的高度数据实际上是相应于WGS-84椭球的地面高度,而在设计中使用的则是以近似大地水准面为依据的正常高度,通过相应的拟合技术,就可以把地面高度转换为正常高度。利用BP神经网络进行高程转化能够有效减小模型的代表性误差,提升高程转换的精度。

无线信号定位中人工智能的应用主要体现在用神经网络替代接收信号强度指示(Received Signal Strength Indication, RSSI)算法中的距离损耗模型。经典的RSSI算法都是利用参数拟合得到距离损耗模型,但是由于这种计算过于依靠实验和一定的技术条件,因此通用性并不高。而Kolmogorov定理则证实,任意一个非线性的连续函数均可以通过一个三层的神经网络来表示,这样就完全能够利用BP神经网络来拟合接收信号强度和位置 d 值时的非线性函数问题,能够明显减小定位误差。在非测距定位领域中,人工智能主要应用于离线阶段指纹库的创建和实时阶段指纹的匹配。

7.2.4 应用实例

1) 行人室内定位

统计资料指出,由于现代人大约有80%的工作时间都处在室内环境,因此行人室内定位具有很广阔的应用前景。一般情况下,行人室内定位利用惯性传感器推算步行者航位,在此基础上通过随机森林算法识别行人方向,辅以基于传感器、无线网络的定位方法,能够实现较为准确的行人室内定位。

2) 车辆导航与定位

车辆导航,是指在数字化地图的基础上,运用卫星定位等现代信息技术实现车辆定位,静态或实时地进行最优的道路规划。目前车辆定位主要依靠自主定位与星基定位结合完成,辅以陆基定位。较为有代表性的技术方法为惯性导航系统和GPS组合的定位方法,该方法结合无线基站定位作为辅助手段。如今,人工智能已经被用于路线规划,它可以根据能源损耗、交通路况选出最优交通路径。

7.2.5 发展前景

由于卫星导航系统的开发,室外的定位功能现已相当完善。当前北斗卫星导航系统已构成完全产业链，具备了与GPS相对的高国际定位精度，甚至局部精度高于GPS，并具备了位置报告和短报文通信等的特殊功能。北斗卫星导航系统的产业化将使室外定位技术更加智能，与云计算、物联网乃至5G等技术的融合效应也将更加显著。

作为基于位置服务的主要技术之一，室内定位技术在人工智能、万物互联的新时代不可或缺。随着无线终端的智能化、高性能化，无线网络将在人们的日常生活中发挥更大的作用，而基于智能手机等无线智能终端的定位服务无疑会进一步得到发展，未来的室内定位将更加精确、稳定。

7.3 智能农业物联网技术应用

7.3.1 简介

农业物联网是一种复杂的体系，涉及的学科包括电子、通信、计算机技术、农业等。根据农业信息学的理论基础和内涵，农业物联网的技术可分为四个层面，即传感层、传输层、信息处理层和应用层，分别负责数据的收集、管理、传输与使用，应用于农产品的个体认知、环境认知、异构设备组网、多源异构处理、信息获取、决策支撑等方面。发展农业物联网技术将改变当前中国农业生产方式以人为主导，以机械、技术为辅的现状，打造以设备、技术为主导，以人为辅的新生产方式，有效释放农业设备产能，提升农业的生产效率，增加管理的透明度，从而有效减少了农业的生产管理成本。

7.3.2 关键技术

1）感知技术

（1）电化学感知机理与工艺

电化学传感器是基于待测物的电化学性质（如电位、电流和电导等）并将待测物化学量转变成电学量进行传感检测的一种传感器。电化学传感器一般由两个或两个以上的阴极所构成，包括参比电极、工作电极和附属阴极。而按照电极表面的电子或分离之间的置换状态，阴极还可分成原子置换型阴极和离子交换型电极（也称膜电极）。

新型电化学感知机制在农业重金属、生物毒性化学物质检测中都有着巨大的发展潜力。例如，生物纳米材料和纳米技术的发展将导致单链DNA在金属电极表面固化；各种类型的DNA电化学传感机制也将得到深入研发；根据电子化学性质感知原理，人们针对重金属、毒性物质等的痕量检测技术有着相当深入的研究，并取得了较好的效果。目前电化学传感器制造工艺技术的主要研发热点为纳米片修饰电极工艺技术、金属分子印迹工艺技术，以及电子丝网打印工艺技术。

（2）光学感知机理与工艺

相对于电化学传感器，采用光学传感原理的感应器没有使用会与被测量材料发生化学反应的阴极，不会产生阴极的钝化、中毒和极层破坏的现象，重复性和稳定性好，可以进行长时间的检测。农业物联网中所使用的近代光传感机制，主要涉及荧光淬灭效应、分光光度法，还有利用光纤倏逝场效应检测氨气浓度的研究等。

(3) 电学感知机理与工艺

电子工程感知工艺，在中国农村物联网中一般被用于气温、相对湿度等的检测。光介电法是对土壤水分定量监测的最佳方法。测定土地含水量变化的方式，一般分为时域反射法(TDR)和频域法(FD)。采用TDR法的土壤湿度测定系统是国外的首选，同时也是国内外学者研究的热点。

(4) 遥感学感知机理

遥感科学的主要理论是研究物体元素在各种波段电磁波下的光谱吸收与反射特性。农业遥感研究拥有覆盖范围较广、重访周期短、获取成本比较低等优点，对于大规模露天农作物产量的研究、评估、控制与监管都有着独特的意义，它有助于克服农作物栽培数量离散、生产区域重复的问题。农业遥感的效益大约是遥感技术综合效益的70%以上，其主要研究内容包括以下四个部分：农作物资源监测、农作物估产、农作物灾害预测，以及生产精细农产品。

2) 信息传输技术

(1) 现场总线技术

农业现场总线是针对恶劣的工作环境而设计的，它确保了农业机械系统的高可靠度和实时性。目前，农业现场总线主要分为控制器计算机局域网总线通道、RS485总线通道。另外，还有相应于特殊厂家的硬件产品，如LON总线、Avalon总线、1-wire总线、Lonworks总线。

农业现场总线技术，实现了农产品管理系统的分散化、网络化和智能化。同时，由于其鲁棒性、抗干扰能力强，事件发生率较低等优点，因此它也是实现农业物联网中重要节点信息传递的必要技术手段。但因为农业物联网节点的信息传递通常关系到农业服务的准确实施、农业服务信息的准确共享等方面，所以即便已通过其他信号传输方式进行了通信，也应该尽可能地额外选择一个农业服务现场总线，作为在其他传输方式故障时的应急信号传递途径。

(2) 农业无线传感器网络

无线传感器网络(WSN)是由大批具备片上能力的微型传感器节点所组成的网络系统。按照通信距离、范围，相关技术可划分为无线局域网技术和无线广域网技术。在无线广域网技术中，低功率广域网(Low Power Wide-Area Network，LPWAN)科技是近年来物联网研发中的热门方向之一，相比于常规的无线广域网或蜂窝移动通信网络(如2G、3G、4G等)，其更具备了低成本、低功耗的优势。无线局域网技术，是指一种频率范围为2.4 GHz的短距离通信技术，主要包括ZigBee、Wi-Fi和Bluetooth。无线广域网技术一般情况下包含了蜂窝移动通信网、LPWAN(低功耗广域网)。蜂窝移动通信网络目前进行了四期的发布，以“万物互联”为目标的第五代移动通信技术(5G)也于2016年发布，这为农村物联网提高农村传输效能提供了全新的动能。

3) 信息处理技术

(1) 基于农业物联网的大数据技术

农业大数据的主要应用技术为MapReduce的软件架构和Hadoop框架。主要涉及分布式档案管理系统(Hadoop Distributed File System,HDFS)和MapReduce的并行计算架构。HDFS的主要功能为利用全国各个地方的丰富信息数据资源,为农业并行计算提供不同的信息来源,并向整个系统共享所有可进行存取的信息;MapReduce架构分为Mapper主机和Reducer主机和Worker主机,由Mapper主机将数据申请转换为相应的任务内容,然后按照Worker主机规模形成任务池,再将任务送到各个Worker主机,Worker主机根据任务向HDFS数据池提取信息、完成计算,将运算结果再提供给Reducer主机做进一步的整合、计算,并收集从海量信息中挖掘出的价值数据,再把价值信息反馈给系统并进行存储。

农作物数据体量大、结构复杂、模态多样、实时化能力强、相互关联性高,利用农业大数据分析技术在海量农作物数据中提取价值关系信息,是处理特殊农作物变量维数约减、强相互耦合等问题的主要途径。而农作物大数据分析的实质任务就是根据特殊农作物问题,依托大体量农作物数据分析技术与处理方式,剖析数据变量之间的相互关联,并提出解决办法。农产品大数据处理的规模效益(volume)、多样性(variety)取决于其复杂性程度;农产品大数据处理方法的快捷性(velocity)、真实感(veracity)取决于其服务质量。通过采用农村大数据处理技术,可深入分析农村数据,以发掘潜在价值尤其是对农村物联网等智慧信息处理的研发重点。大数据分析的应用,重点聚焦于发展精准农业的国家决策支持系统、全国农业生产综合信息服务体系、全国农产品信息监控与预警系统、全国天地网的统一农情监控体系,以及全国农业产品环境监测和管理系统。

(2) 基于农业物联网大数据的人工智能技术

农产品人工智能(Aritificial Intelligence, AI)是指通过计算机技术建模的农产品人工智能信息技术,也称为农产品人工智慧或计算机人工智能。农产品AI的三个核心概念是:描述、计算、求解。而农产品人工智能指人工智能信息技术在农业产品生产、服务过程中的具体应用。而农产品人工智能的重点研究领域可以总结为农产品信息表达、农业模式辨识、农产品智慧计划以及农产品信息搜寻等四个方面。农产品信息表达的研究内容是农产品认知的数字化和决策能力;农业模式辨识的研究内容是对农作物数据的辨识方式;农产品智慧计划的研究内容是对农业机器的智慧运作;农产品信息搜寻的研究内容是对农作物信息数据的搜寻。近年来中国农村人工智能的主要研究领域为农业模式识别与农产品智能规划。农业模式识别的发展热点,趋向于同深度学习算法的融合;农产品智能规划的研究热点主要侧重于模型和管理技术的发展探索。农业知识表现的最新研究热点是认知图谱,而农业信息搜索引擎的主要研发侧重点则在于农业网络爬取技术和农产品信息搜索引擎技术,农业领域新一代人工智能技术在农作物的产前、产中、产后以及运维服务方面都有着广泛应用。

7.3.3 应用实例

水果生产作为具有生态效益和经济性的重点农业产业,有着改善自然环境和带动农户增加收入的双重功能,对我国农村发展有着重要意义。影响水果生长发育的各种因素相当多,栽培条件、天气、土壤条件、病虫害情况以及种植经营手段等都可能对其产生很大的影响。传统水果生产监督管理耗工耗时、监督效能较差，水果生长管理精细化和信息化运用相对较低，尤其是立体化监控系统很不健全，无法全面客观地采集水果生态环境和水果生长发育等各种参数。现代技术的发展使果园智能监控技术具备了可行性。

果树智能化种植从空、天、地三个维度开展检测，以卫星、无人机、无中心自联网和多种通信系统为基础，形成了完备的立体检测系统。该系统可拓展检测覆盖范围，提升检测质量和准确度。杨贵军等人与牛庆林等人共同解析了无人机遥感信息技术在获得作物特征(如株高、叶子颜色、叶面积指数(LAI)、叶绿酸浓度、生物量与产量等数据信息)方面的应用，并对无人驾驶飞机平台优选、农情数据信息收集以及信息处理和数据分析等方面进行了研究，给出了无人驾驶航空遥感技术数据几何校正模型。吴文斌等人提供了一个由"天-空-地"遥感大数据驱动的果园产量精细化信息管理新模型，该模型能进行果园总产量、空间结构情况与环境的精确认知与数据信息收集，探索了"天-空-地"数字农产品管理框架的设计和搭建。段遵芳教授等认为，苹果树长势等科学技术指标是水果生长发育状况的主要体现，而水果病虫害消息的收集和预测预报也是水果管理工作的重点方面，他们把物联网技术和水果的产量数据管理、种植环境监测、水果安全溯源和科技研发等充分融为一体，提高了水果生产能力，并以此为果品行业发展趋势的稳定和对市场中水果品质的客观评价提供条件支持。他们的研究主要从苹果田的种植管理与实践入手，针对中国传统果园所面临的数据监测系统不健全、生产管理水平落后、缺少科学数据等问题，通过综合运用农业物联网、互联网、智慧装备以及各种信息收集与提取技术等手段，创新实现了苹果田"空-天-地"一体化的新一代信息收集系统集成创新和基于 AI 的苹果病虫害发生过程视频辨识技术应用，并通过 SSM 架构(SpringMVC、Spring、Mybatis)建立水果监测与综合数据分析平台，通过可视化展现苹果田生长环境信息，为中国水果行业的精细化管控与农业智能化发展提供了数据依据和支持。

7.3.4 发展前景

中国农业物联网发展的关键是根据中国国情和农业特点，积极进行核心技术和共性技术的创新研究，从而形成了精细农业应用发展的关键推动力。发达国家或地区在农业物联网技术研究和工业化应用方面都取得了很大的发展，相比中国来说具有如下优点：在农业物联网的发展中十分重视农业科技的研究，特别是农业传感器技术的研究，并有大量资金支持；政府基础较雄厚，网络基础环境条件完备，交通基础条件良好，各项硬件设施较完善；以养殖大户、家庭农场为首的中高级农业主体的信息网络与电子商务知识基础扎实；农业物联网关键技术标准化体系逐渐健全，形成了具有全球影响力的技术标准体系，如 IEEE、EPCglobal、ETSIM2M、ITU-T 等，涵盖了 M2M 通信、标签数据、空中接口、无线传感网等现代农业物联网发展所必需的重要数据和通信技术标准。

当前中国农业物联网的开发要着重对比发达国家农业物联网技术的优点，并根据中国农村特点，在缩短与主要农业发达国家的农业物联网技术发展差距的同时，解决了当前中国农业物联网开发的技术瓶颈问题：

(1) 农村物互联应着重改造全国各地区农村的小型农业经营状况，进行适度指导以增加农产品种养规模，重点发展集中连片大规模耕作，提升农产品机械化程度和新科技应用率，进一步提高种养的专业化水平和土地产出率，为农村物互联的开展创造更适宜的发展环境。

（2）农业物联网国家标准的工作重心是农业物联网有关技术标准的调研和制定，通过压缩与行业标准之间取得共识的时限，统一统筹农业物联网技术标准和接口标准，把握物联网技术在农业市场中的绝对控制权，强化国际协作，积极参与标准建设工作，参考和吸纳国外的先进农业技术标准。

（3）农业环境感知科技着重开发高灵敏度、高适应性、高可靠度的感应器科技，要向嵌合式、微小化、模块化、智能、集成化、互联网等领域开发，突破数据补偿科技、信息化手段、智能技术、多用途综合科技，进一步完善农业生产工艺，提升环境的适应能力，在开发新型材料应用、产品制备的工艺技术和产业化科技的基础上，也要建立更加鲜明的国际竞争优势。

（4）农产品数据技术重点开展了无线介质传感器网络技术在精细农产品上的运用，具体内容可总结为以下四个方面：空间数据收集、精确灌溉、变量操作、数据共享和发布。要着力突破低功耗无线网络传输技术，推动数据传输环节的集成化和小型化、网络系统的移动自管理、数据的分布式存储和控制的发展。

（5）发展农产品智能数据处理技术，着重发展大数据分析技术、人工智能技术在复杂农产品物联网中的具体实施，重点研发深度学习算法，以深度学习算法提升复杂农产品模式识别精度、农业业务建模精度，以及复杂农产品变量之间关联的知识表示精度，着重攻克海量数据处理的分布式存储系统和业务模块在智能装备中的嵌入等关键技术，并发展流数据实时处理的关键技术。

（6）采用主流农业物联网嵌入式平台，以系统的端口连通异构机器，综合深度学习算法解决非一般类别信息（如声音、自然文字、图片）的异构信息，以实现非例行不均的信息间、非普通类和一般性质信息的整合。

此外，国内发展农业物联网科技的先行平台应认识农业领域本身，借助资源优势，有效融入农村与农业生产领域，从而增强技术平台的科技能力，实现以平台推动科技，以技术发展现代农业，以现代农业发展技术平台的良性循环。

7.4　智能数字城市技术应用

7.4.1　背景介绍

物联网、云计算等新型技术的诞生，使城市生活开始从数字化走向智能化。智能城市在数字城市的框架上利用物联网技术将真实世界和数字世界融为一体，在了解真实世界动态的同时运用云端计算技术实现更复杂的运算、管理功能，为城市规划管理、人们日常生活等提供了各类的智慧服务。智能城市和数字城市的开发思想一脉相承，智能城市越来越注重于对所产生信息的集成、管理、获取，更注重对城市治理的统筹规划，是数字城市开发的更高水平。所以说，智能城市＝数字城市＋物联网＋云计算技术。智慧城市在数字城市的基础上对各城市信息化建设提供了集中统一的统筹指挥，最大限度地利用现有的资源，从而实现城市的可持续发展。

数码都市是指数字化的都市，是把真实都市以及社会政治经济生活的综合体加以数字化得到的虚拟对照体，它以信息产业为主导，以信息服务为中心，本质上是利用数字化手段分析、解决城市问题。通过对海量信息资源的收集、储存、识别，数字城市技术能够在虚拟现实与现实环境中参与城市规划与管理，使公众能够更加直接地参与城市管理，扩大了公众的参政权。

3S系统体系，即遥感(Remote Sensing，RS)体系、全球定位系统GPS(Global Position System)和地理信息系统(Geographic Information System)。从3S网络的视角来看，数字建筑设计技术正是通过利用3S系统体系，整合城市空间的信息资料，以帮助开展都市规划、建设和都市规划控制等工作，为政府、社会、民众提供信息基础设施和信息系统。其本质是进一步建设并完善空间信息基础设施和城市地理信息系统，并在此基础上整合其他各类信息资源。

数字城市的出现为社会可持续发展提供了新的技术支持，取得了不少成就。数字城市技术完成了城市表达从二维到三维的跨越。城市的传统表达方式是二维地图，数字地球和数字城市的出现使人们能够利用三维城市模型描述、分析空间信息，为军事、气候、信息工程提供了新的研究思路。

数字城市技术所实现的城市网格化管理和公共服务，通过方格技术，把城市行政区划分成若干个以单位网格为基本单元的方格型单位，可以对城市规划进行分类控制，使城市管理更加全面、公正、客观，更加人性化、精细化、科学化。

数字城市技术实现了城市实景影像的可视化、可知化。通过GIS、GPS，以及利用地面车辆所拍摄的城市实景图像，科学和现代城市技术都能够挖掘信息形成的城市实景图片和大量的可调查的地形、历史、人文资料和数据，为城市空间信息社会化提供了崭新的数据源。

数字城市技术集成了空间信息共享与服务。数据城是城市数据的综合服务，通过对各类信息资料的综合，能够加工提炼更深层次的数据，创造更为智能、个性化的服务。

从某种意义上来说，"数字城市"是信息化发展的必然产物，是在信息港出现后城市进一步数字化、信息化的产物。当前，我国正朝着全面建设现代化强国的宏伟目标前进。其中的一个重要内容就是建设数字城市，它是国家实现现代化的重要基础。以信息化为动力，建设以人为本、服务于人民的新型智慧城市，是实现城市数字化的重要理念。

7.4.2　关键技术

数字城市技术的实现依靠非常复杂的技术体系，主要涉及空间技术、物联网技术、大数据分析技术、虚拟现实技术以及专家系统等，也包括了如云计算技术和人工智能决策系统等的其他技术。人工智能与机器学习也在数字城市中起到了重要作用。

1) 空间信息技术

空间信息技术主要包括3S系统体系，需要结合计算机与通信等技术手段，对空间信息进行收集、检测、分类、储存、管理、展示、传递和使用。空间资料现代技术所要研究与处理的课题，主要涉及空间资料的基准现象、标准问题、空间变化现象、认知问题、空间不确定性问题、解译与反演问题和其表达与可视化等课题。

对建筑物的三维重构是构建三维数字城市必不可少的一环，主要依靠遥感技术实现。数字摄影测量技术为城市三维数据的获取提供了经济快捷的方法。建筑物三维重构最主要、最直接的数据来源是其航空影像，其提供了建筑物的三维重建模型、数字高程模型和数字正射影像。航空摄影常用的方法是利用激光扫描仪测量建筑物表面几何关系，获得高精度数字表面模型，还可以利用近景摄影等方法从近距离获取数据。车载 3S 平台为近距离采集数据提供了便利。

除了直接测量获得的数据外，GIS/CAD 导出数据也是三维重建的数据来源。GIS 数据是数码城市空间信息的基础，由 GIS 提供城市二维地图与三维模型数据具有成本低、自动化程度高等特点。

GIS 系统还能为空间分析提供有效的辅助。应用 GIS 研究变量的空间分配方法，可以确定空间数据的采集方法，从而降低时间成本与采样费用。GIS 可以为空间研究带来大量信息，节约了实地采样的人力、物力，且数据操作方法灵活。利用 GIS，能直观地表征空间分析的结果，更加便于分析。

2）物联网技术

在继计算机、互联网后世界信息化发展的第三次浪潮后，物联网技术已成为新兴产业的主导力量之一。物联网技术利用各类传感器、3S 技术等，可以即时地收集所有要监控的物品及过程中的信号，并利用各种互联网技术连接，以实现物与物、物与人之间的广泛连接。物联网技术所具备的全面传感、数据传输、智慧管理等的优势，可以让数字城市建设变得更加精细化、智能化和简单化。

3）大数据与数据挖掘

随着中国城市数字化、信息化发展的持续深入，中国数字城市数据量也呈几何倍数上升。在云计算技术和信息挖掘等现代信息的支持下，基础设施、数据库、产品和业务等一体化的大时空数据云系统得以形成，该系统可以实现对各类大数据的储存、查找、管理、应用。

利用集群、网格、分布式系统使各种类型的存储机器协调运行，可以同时进行云存储业务。云存储实现了对存储器的虚拟化，突破了传统储存方法的容量瓶颈。多层分布式存储方式体现了数字城市多维度、多层次的特点。

数据挖掘是指利用算法从大量数据中搜索隐藏信息的过程。常见的数据挖掘方法有分类、估值、预测、关联规则和聚类。在获取数据后，根据挖掘需要对数据进行搜索和综合，并对数据进行过滤以得到待处理数据集合，具体步骤分为去噪、取样、筛选、整合、标准化。接着对数字集进行管理与研究，根据一定方法对数字进行排序，并研究数字空间和类别之间的相互作用。利用人工神经网络、决策树、遗传算法等技术可以找到信息之间深刻的内在联系，归纳出深层次的模型和规律。

4）虚拟现实技术

虚拟现实（Virtual Reality，VR）技术是指一种可以创建和体验虚拟世界的计算机仿真系统，它是指根据真实世界中存在的各种信息，利用计算机技术所形成的电子信号，再通过各类装置将这些信息转换为我们所感知到的，实际存在或已不存在的信息状态。数字城市将城市的概念从静态的、平面的数据转变为动态的、多维的模拟。利用虚拟现实系统，能够将数字城市与现实城市相联系，提供身临其境的服务体验。用户借助浏览器，可以实现城市风景旅游、商品的线上购买等。

5）专家系统

专家系统，是一个由人工智能专家解答领域难题的计算机程序管理系统，是计算机领域中最关键的也是最活跃的研究领域之一。它完成了对计算机知识从理论探讨走向实践运用、从一般推理方法探讨走向实际应用研究的重大突破。在专家系统中融合了大量各领域专家们的理论与实践成果，能用一个专业问题的方式来解决该专业的难题。

专家系统一般由人机交互用户界面、知识基础、判断机、求解器、集成数据库系统、知识管理系统等组件组成。专家制度的基本工作过程是使用者通过人机接口解答信息系统中的问题，由推理机将使用者所输入的信息和综合知识库中各个规定的条件加以匹配，并将所有被匹配的结果存储在综合信息库中，最后再把得出的结果提供给所有使用者。

7.4.3 应用实例

1）城市交通流量预测系统

城市化进程不可避免地带来了更大的交通流量，可能会造成交通拥堵甚至社会治安的问题。可以想象，如果能够预测城市每个区域的交通流量，就能够避免许多意外的发生。一般的交通流量检测技术主要可分成参数法和非参数法两种。

参数法包括线性和非线性回归、历史平均算法、平滑技术和自回归线性过程等。与其他可用技术相比，基于时间序列分析的技术，如自回归综合移动平均（ARIMA）是最精确的交通流预测方法之一。

季节序列模型试图利用分析历史长期趋势中的季节模型来确定过去数据中的模式，并利用这种模式来预测未来。随着高峰期与非高峰期交通状况日复一日地反复发生，交通流模型也显示出了强烈的季节性，所以季节性 ARIMA（SARIMA）模型和交通潮流的模型尤为重要。利用 SARIMA 进行交通流预测的开发方案涉及四个步骤：模型识别、模型估计、诊断检查和对所开发模型的预测或验证。

非参数法利用深度学习进行预测，具体算法包括 k 最近邻、贝叶斯网络、神经网络和向量回归等，通常能更好地捕捉交通时间序列的复杂非线性和不确定性。深度学习算法适用于大数据分析，使对复杂的交通情况建立精确的模型成为可能，该模型可以估计交通流量、预测路径时间和人群密度等。

2）城市环境监测系统

按待处理的信号所在环境分类，城市环境监测可以分为水质信号监测、土地信号监测、环境噪声监测等。

环境监测在环保建设中发挥了非常关键的作用，能够及时解决环境污染问题，更好地促进社会发展。新一代水质监测技术包括自动监测技术与遥感监测技术。自动监测技术将实时的自动分析仪表和自动监控技术融合，从而能够完成实时监测，实现预报和预警。

遥感监测技术利用远程遥感技术实现水中环境监测，能够远程收集大量水环境监测数据，将遥感技术和GPS结合能够进行更大范围的水环境监测，可以节约大量资金。

一般情况下，土壤监测的主要技术有无线传感器网络技术、3S技术、信息技术。由不同的传感器网卡以及带有简单执行机构的网卡所组成的无线网络，能够全天候、无死角地获取土壤湿度、土壤成分、pH等土壤信息，有助于农业生产的进行。

噪声是在没有规律的条件下形成的杂声。环境噪声监测的过程中涉及大量数字信息，加之环境噪声本身具有即时性、时空局限性等特点，环境噪声监测工作是噪声控制和治理中比较困难的环节。在对城市环境噪声进行监测的过程中，利用物联网技术对环境的噪声进行采集，再利用智能算法对噪声的具体特点进行分析判断，能够实现对噪声的针对性处理。

7.4.4 发展前景

信息化技术在城市基础设施、公共服务领域的深入运用，可以优化城市物理结构、提高城市管理水平和运营效能、减少城市资源耗费、提高环境质量，从而带动城市的可持续发展。计算机技术的进步及其在经济社会各领域的应用促进了数字都市向智能城市的转变和发展。未来的智慧城市必将更加智能，更加充满活力，更加具有可持续发展能力。

从信息港的发展到数字城市的出现，城市运营的效益也得到了大幅提高。数字城市发展到智能城市，除了能提高城市运营效能之外，还将带来更加人性化的城市生活体验，实现由质量提升向效率提升的转化。届时，将实现更全面深入的了解、宽带泛在的信息交互、智慧融合的广泛应用和以人为本的发展。

7.5 智能医疗康复技术应用

7.5.1 引言

智能信号处理在医疗康复方向的应用具体围绕智能信号处理在医疗康复这个框架下如何发挥作用、能够发挥怎样的作用这两个方面展开。本节以医疗康复为约束，从信号处理的各种研究及信号处理的应用两个方面进行分层梳理。

第一个方面介绍了医学信号处理研究。该部分包括四个部分，分别是医学信号分类、医学信号特点、医学信号处理环节和医学信号处理理论。

医学信号是一个很笼统的概念，包含的信号非常多，因此，需要先对医学信号进行分类。在分类后能够更方便地提取各类信号的特征，继而实现针对性的处理，总结出科学规律。对各种医学信号分别进行研究后，可以总结出它们的特点，再对这些特点进行对比分析，进而总结出医学信号这个大类的特点。具体的处理过程可以分为几个步骤，其中，每一个步骤都涉及多种理论，每一种理论都涉及多个步骤，理论与步骤的映射不是一一对应的。所以本节将处理环节和处理理论分为两个分支分别进行描述。

本节中，医学信号分类涉及医学信号中的几种主要信号。由于人类身体构造的复杂性，人们能够通过从身体中各个“层面”获取各种信息，包括脏器的层级（心肌、脑、肝和肾脏等）、网络系统的层级（心血管系统、中枢神经网络系统和内分泌代谢系统等）和机体的层级。这些信息粗略地包括电生理信息、非电生理信息、生物信息、生化信号、生命特征信息和生物医学信号。医学信号的特点包括种类多、幅度小、噪声强、非线性、随机性强、混沌现象、多通道等。虽然人们对各种生物信号处理的研究目的有所不同，但是医学信号处理通常都包括了以下的主要环节：首先是信息的收集，其次进行信号去噪，最后进行信号特征提取。鉴于生物医学信息的多样化和复杂化的重要特征，加之具有特定的使用目的，所以生物医学信号处理要求进行多领域的研究。而今的信号处理理论基本都是数字信号处理，所以医学信号处理的理论主要依赖于数字信号处理的理论。但鉴于医学信号处理的多样化、复杂化程度，且往往与人的身体健康和寿命直接有关，除数字信号处理的理论之外，医学信号处理的理论中还包括了许多其他领域的理论知识，包括医疗、生物、模式识别、机器学习、信息的模型和仿真等。

第二个方面主要介绍了医疗康复的应用。这里将医疗康复的应用分为康复和医疗检测两个方面。

由于科技的进展，现代医学也已从过去的定性检查逐步过渡为强调定量检查。而定量检查的基础则是患者的生理信息、医学图像和生化指标等。同时，传统的康复方法也在逐渐被智能化的康复设备替代，而这些康复设备的运作同样依赖于患者的生理信息、医学图像和生化指标等。

康复方面，现在市面上的康复设备主要有手功能康复机器人、上肢康复机器人、下肢康复机器人、智能轮椅等。而这些康复设备中的信号处理主要包括对肌电信号、脑电信号的分析与特征提取。通过对肌电信号、脑电信号进行处理，可以得到患者的肌肉状态、运动意图、神经状态等信息，从而驱动设备进行康复训练。

医疗检测方面，涉及的设备主要有心电图机、脑电图机等。相比于康复设备，医疗设备更多被用于诊断，并不会直接作用于人体。这些医疗设备同样对肌电信号、心电信号等进行分析与特征提取。通过对肌电信号、脑电信号进行处理，可以得到患者的肌肉状态、运动意图、神经状态等信息，然后对信息进行可视化，方便医生进行诊断。

7.5.2 医学信号

1）医学信号概述

生物医学信息是人类生活信息的集中体现，是人们透视生命现象的一个窗口。所以，广泛开展对生物医学信息的探测与处理理论和技术方面的研究，对了解人类生物活动的基本规律、探讨传染病治疗和处理的最新技术和开发先进医学仪器设备这一高新科技领域都有着至关重要的作用。也正是因为这样，人们对生物医学信息探测与处理技术（简称生物医学信号处理）理论和技术方面的问题都予以了很大的关注。

2）医学信号的特点

因为生物医学信息取自于人类，所以也具有一些重要的特性。这些特性决定了对其处理的复杂度及计算的复杂性。

（1）生物医学信息的类型很多，不同信息类型涉及的信息不同，所以处理方式也有所不同。

（2）生物医学信息的幅度甚小，如心电信号幅值为毫伏级，脑电信号幅值为微伏级（5～100 μV），但其诱发电位变化范围一般较大，在几微伏到几十微伏之间。

（3）生物医学信号中工作噪声较强。最常见的是50 Hz工频噪声，它一方面来自仪器的工作频率，另一方面来自人类本身。人体作为电流的导体，易感应发生工频运动噪声；然后是由信号记录的受试者运动时所引发的肌电噪声，从而发生由电极频率运动所引发的频谱基线漂移。

（4）生物医学信号随机性很强且通常都是非平稳的。因为生物医学信息会受到生物和心理的干扰，所以是随机信息。心电信号有准周期性，但每一心拍时间并不是完全相同的。由于脑电和语音信息都是非稳定的随机信息，在实际操作中一般都会把其分为一个个较小的阶段，在每一小阶段中确定信息是稳定的。

（5）生物医学信号是非线性的。本构的非线性来源于非直线力控制系统的输入输出。当然，其线性控制系统也可以形成本构非线性的输入输出。因此，如果某个线性放大在其动态区域内的产出与投入之间呈现出线性相互作用，而如果该信号放大器已经“饱和”，则产出与投入之间不再是线性关联。而线性控制系统则是人们根据更复杂对象所给出的理想化模式。例如，从人类体表所收集到的电生理学信息（如ECG，EEG和EMG）都是细胞膜电位变换在经过体内系统后在体表重叠的结果，所以上述信息严格来说都是非线性信息，而人们目前都是将它作为线性信息来处理。1998年发明的Hilbert-Huang变换就是解决非平稳和非线性信息问题的一种很有力的工具。

（6）混沌问题。人体系统是一种高度复杂的非线性动态系统，这种系统的输出不仅具有非线性特征，而且同时具有混沌的特征。混沌的科学概念目前仍缺乏一致的解释，但粗略地讲，混沌过程就是指现在确定性体系中的貌似随机的无序过程，而该行为则体现了不确定性原理，即不能复制，也无法预知。而混沌也是非线性动态系统的固有特征，是目前不确定性体系中普遍存在的特征。心脏系统就是一种经典的非线性动态系统，它反映了心率变异性运动的混沌特点。

（7）生物医学信号是多通道信号。人体生理信息遍布于全身，各个部位的信息的自然携带量具有不同的特点。因此，心电学一般取十二导联，而心电体表标测取六十四导联甚至更多，但在脑电图和事件相关电位系统中已有二百五十六导联。这一特性也确定了在生物医学信号处理中，需要格外重视多通道信号处理算法以及与时光、太空结合的方法。

3）生理信号的处理方法

（1）心电信号检测算法

对于心电信号特征提取，近些年研究的主要方法有滤波器法、模板匹配法和神经网络法。

① 滤波器法

该方法是一种使用比较频繁的方法。如Pan等人提出的动态阈值法，该方法主要使用带通滤波器对原始心电信号进行预处理，再利用双重阈值提取心电信号信息。

② 模板匹配法

其原理是通过软件自动学习来获得心电信号的模板，然后使用此模板对心电信号进行逐点比较，最后得到心电信号的信息。由于不同的人或不同的检测环境下所得到的心电波形往往会存在差异，因此这种方式会产生漏检的情况。江依法、周青、陈伟燕等人在传统模板匹配算法的基础上设计了新的相关性方法，将模板与信息进行配对计算后得出的关系值介于−1到1之间。这个方法有较好的波形检测的特异性，并且可以准确地区分R波和T波，但是这个方法仍然需要大量已知的数据以进行计算。

③ 神经网络法

该方法通过模仿人类的神经元结构，分析心电信号的特征，通过对大量数据的训练，能自适应心电信号，并寻找最优解。如由张泾周、王艳芳、张光磊以及梁佳亮等人所介绍的多级前置神经网络，该技术通过多级前置的神经网络构造了一种中心电信号向前的神经网络，并实现了对中心电信号方向的工频干涉、基线漂移、电极移动等噪声的滤除，可以非常方便地实现非线性滤波。该方法虽然滤波效果较好，但是需要大量的资源去训练，不利于心电信号的实时分析。

(2) 脑电信号检测算法

① 时域特征提取方法

该方法是最早被使用并一直沿用至今的脑电信号检测算法，这是因为其直观性强，容易识别特定的波形，具有比较明显的特征意义。如在临床应用中，医生常常通过特定的脑电波形态来识别癫痫。在时域特征提取方法中，重点通过波的形态和强度提取特征，如振幅的最大最小值、过零点、均值及均方差等。

② 频域特征分析方法

该方法主要是对某一长度的脑电信号的频谱进行观察，可得到脑电信号中各个节律的分布和变化情况，其主要的指标有频率均值、频率方差、频率标准差等。如果将脑电信号按时间分成多段，通过对每段进行频谱统计便能得到时频域特征，如小波能量谱。这样可以分别在时间及频率的分辨率上观测脑电信号。

③ 非线性动力学分析方法

熵是系统中混乱程度的度量，有多种不同的计算方法，如近似熵、样本熵、相对熵等。在很多脑电信号的分析和检测研究中都采用熵作为信号的特征。最大李雅普诺夫指数常用于判断系统是否存在动力学混沌，它也被用于评估脑电信号是否有序化。分形理论是非线性科学的一个重要分支，而脑电信号又具有分形的特性，因而许多分形的特征被应用于脑电信号的分析检测。

④ 组合方法

该方法对现有特征进行组合，设计出新的特征模型。罗志增等人通过自回归模型和样本熵构建特征模型对脑电信号进行特征提取，实验结果显示特征模型能够有效地提升脑电信号的分类性能。张仁龙等人对脑电信号进行小波变换后，采用统计方法对变换后的结果做数据统计从而形成特征。

⑤ 深度学习技术

该方法从数据中自主地学习特征，直接跳过传统方法中的特征设计及提取过程，避免了人工方式特征设计困难、需要手动调整大量参数等问题，能完成许多传统方法难以完成的任务。如 Tabar 和 Halici 使用短时傅里叶变换将一维的脑电信号转换成二维图像数据，然后接入深度网络进行分类。Bashivan 等人通过能量谱将脑电波抽取的频带转换成二维图像，然后将图像放入深度网络进行分类。然而这些方法依然存在自主学习得到的高维特征往往难以理解、对数据集依赖、普适性不高、准确性和鲁棒性不足等问题。

7.5.3　医学信号及医学信号处理应用

生物医学信号处理技术如今已在临床科学与生命科学的研究中得到了普遍的运用，而大量采用生物医学信号处理、医学图像系统与计算机技术等的先进医学仪器设备，则成了现代化医疗的主要组成部分。由于科技的进展，现代医学也已从过去的定性检测逐步过渡为越来越强调定量检测，而定量检测的基础则是患者的生物信息、医学图像和生化指标等。本节仅以在临床应用的心脏电信号和脑电信号为例，阐述使用它们的领域以及需要处理的问题。

1）心电信号和脑电信号的常见应用

在常规的体检和门诊中，往往需要做心电图。如今的心电图机已经从过去的有单纯描记能力的模拟设备转化为具备检测并提供早期治疗能力的电子化设备，如智能心电图机。进行心电智能检测与判别，主要依靠的是心电处理计算机。医院病床旁的心电监视仪、心电 Holter、心电工作站、动态心电图仪等都是目前应用较多的心电类设备。在此类设备上，对心电信息的处理无一例外地都涉及除噪、特征探测和心病类判别三个部分，在心电监视型设备上也具有心电预警作用。

心电信号最主要的特征包括 R 波、P 波、T 波的位置、范围和形式，另外还包括 S-T 段的形态、Q 波、S 波、QRS 宽度、U 信号、心室早晚电位(Ventricular Late Potentials，VLP)及 T 波交替(T Wave Alternans，TWA)等。心电 R 波测量系统是对各种心电特性测量的自动检测的技术核心，其测量的准确性直接关系到设备的稳定性，测量准确率至少需要达到 99%以上(按 60 次/min，1 h 心跳是 3 600 次，1%的误差即 36 次被误检)。R 波自动跟踪技术已经有了四十多年的发展历史，由最早期的差分域值方法、模板匹配法、积分法、滤波器组方法，一直发展到 20 世纪 90 年代的基于小波变换的方法，其中就有人提出了把小波变换与数字形态学技术相结合的概念。至今，新的 R 波检测算法仍然在不断被提出，其中就有人提出了一种将 R 波测量与心电数据压缩技术相结合的新算法，目的是使计算机在使用可佩戴心电监护仪时具备实时分析能力，并大大降低设备的耗电量，计算机对 R 波的测量准确率超过了 99.64%。由于 P 波、S 波及 T 波的幅度范围远小于 R 波，且形式多样(如倒置、双相等)，因此对它们的精确测量相当不易。实现对 P 波、Q 波、R 波、S 波和 T 波等波形的测量，可以测量出 R-R 间距，进而获得瞬时心量及其 P-R 间距、QRS 长度、P-T 间距及 S-T 段形状等技术参数。上述参数又可分成两类：(1)关于心电形态学的数据；(2)心电节律的基本数据，该数据也是现代心电图临床检查的重要基础。

通过测量出的技术参数、心跳障碍的基本原理以及医师的诊断实践，可以构建起针对各类心律失常的数理建模，以便于对心电信号进行判断，从而确定有无反常，如果反常，那么属于哪一种紊乱类型。这一工作过程既是正常心电的自动判别过程，同时又是信号处理的重要应用。心电紊乱的类型有很多,如冲击产生紊乱(包含窦性心律失常、室性早搏、房性早搏、交界性早搏、快速室上性心律失常、室性二联律和室性三重律)及兴奋传递反常(包含房间传导阻滞、房间传导延迟和逸搏心律)等。对各类反常心电判别的处理过程无疑是一种模型辨识的过程,同时,其判断程序又是一种专家机制。心电自动检测技术有着近几十年的发展史,人们发明的检测方式也不少,如统计模式识别、模糊模式识别、人工神经网络、支持向量机等。诸如采用信息稀疏表达和独立分量分析的心电自动检测算法,采用开关卡尔曼滤波的零点五监督式,以及采用 Logistic 回归的储备池算法等的心电分析方法。

在心电图的自动研究领域,心率变异性理论在过去的二十余年中始终引起了我们普遍的重视,而非线性动力学的概念对该研究领域也起到了很大的影响。另外,高频心电、体表心电标测等技术,都是很有价值的心电技术的研究内容。

2) 临床应用

医学信号处理临床应用于如下多个领域:(1)癫痫位置的确定、确诊、预后及治疗综合解析;(2)精神型疾患(如精神分裂症、躁狂抑郁症、精力反常等)的治疗;(3)脑外伤及脑部器质性病变的判断;(4)麻醉深度监视。

(1) 脑电反馈生物治疗

生物反馈,就是人们利用专门设计的生物感应器和电子设备记录下与人的心理、生理活动过程相关的一些生物信息,并将这些生物信息进行加工、扩大,然后以人体能够认识和了解的形式,以视觉(各种频繁闪现的 LED、翻转棋盘格、灯光色彩、电子游戏等)和听觉(乐器或各种频率的音响)的形式表现起来,让人直接地看见或听见,并积极主动调整自身的生理情况(即进行相关信息的传递),如下降或升高血压、调整心率等,而在人们进行了相应的身体锻炼之后会更加自觉地调整自身的心理和生理活动,以便进行生理机制的恢复,从而达到心身均衡。目前应用较多的生物反馈是脑电生物反馈,另外还有肌电、心率和血压等生物反馈。脑电生物反馈主要运用在抑郁症、失眠、偏头痛、癫痫、小儿注意力问题/多动症以及与神经系统相关的顽固性病症的诊断,如利用脑电生物反馈在癫痫病诊断方面开展了探索性的工作研究。

(2) 脑机接口

一般情况下,人脑与外部环境之间的联系需要借助周围神经系统和肌腱通路来完成,在周围神经系统和肌腱损伤(如偏瘫)的状况下,脑机连接(Brain-Computer Interface, BCI)可建立一条非肌肉限制的联络路径,用脑打开手机、开灯等行为即是 BCI 的一项主要操作。BCI 是利用脑电、大脑皮质电位图和各类脑图像来进行的。由于脑电无创,因此脑机接口被广泛研究,其中最常用的脑电信号有以下 4 种:(1)视觉诱发电位;(2)mu 和 beta 节律;(3)事件相关电位;(4)慢皮层电位。在脑机接口设计方面,去噪、诱发单位的单次抽取、盲源分离和分类等的信号处理算法得到应用。目前国内的大专院校和有关学术机构正如火如荼地开展着对 BCI 的研究工作,有关的文章和著作很多值得借鉴。

习 题

1. 智能机器人感知技术的关键技术有哪些?

2. 请概述智能室内外定位技术的应用实例和发展前景。
3. 智能农业物联网的关键技术包含哪些?
4. 请列举智能数字城市的应用。
5. 请列举医学信号及医学信号处理方面的应用。

参考文献

[1] 刘海龙. 生物医学信号处理[M]. 北京：化学工业出版社，2006.

[2] 丁玉美，高西全.《数字信号处理(第三版)》学习指导[M]. 西安：西安电子科技大学出版社，2009.

[3] 门爱东，苏菲，王雷. 数字信号处理[M]. 2 版. 北京：科学出版社，2009.

[4] 杨红兵. 信号处理技术回溯发展与思索[J]. 科技信息，2009(18)：26-27.

[5] 刘兴钊，李力利. 数字信号处理[M]. 北京：电子工业出版社，2010.

[6] 何明. 现代雷达信号处理技术的发展趋势[J]. 电子世界，2021(15)：17-18.

[7] 韩阳. DSP 芯片在高性能图像处理技术中的应用研究[J]. 科技创新导报，2012，9(1)：10.

[8] 马晓东，李冰琪，魏鹏，等. DSP 技术发展与应用研究综述[J]. 电子世界，2018(24)：46-47.

[9] 陈拥权，张羽，胡翀豪，等. 语音信号处理技术及其应用前景分析[J]. 网络安全技术与应用，2014(2)：58-59.

[10] 杨广驰. 数字信号处理技术的发展与思考[J]. 自动化与仪器仪表，2017(7)：6-7.

[11] 何正嘉，訾艳阳，张西宁. 现代信号处理及工程应用[M]. 西安：西安交通大学出版社，2007.

[12] 张贤达. 现代信号处理[M]. 2 版. 北京：清华大学出版社，2002.

[13] 刘松强. 数字信号处理系统及其应用[M]. 北京：清华大学出版社，1996.

[14] 孔凡才. 自动控制原理与系统[M]. 北京：机械工业出版社，1987.

[15] 胡广书. 数字信号处理：理论、算法与实现[M]. 北京：清华大学出版社，1997.

[16] 李振春，刁瑞，韩文功，等. 线性时频分析方法综述[J]. 勘探地球物理进展，2010，33(4)：239-246.

[17] 马耀庭，邵毅全. 傅里叶变换在应用中的局限性及克服方法[J]. 内江师范学院学报，2008，23(12)：42-44.

[18] Hari Krishna. Digital Signal Processing Algorithms[M]. Boca Raton：CRC Press，2017.

[19] Henri J. Nussbaumer. Fast Fourier Transform and Convolution Algorithms[M]. Berlin：Springer，1982.

[20] Billings S A. Nonlinear System Identification：NARMAX Methods in the Time，Frequency，and Spatio-Temporal Domains[M]. Chicheste：Wiley，2013.

[21] Slawinska J, Ourmazd A, Giannakis D. A new approach to signal processing of spatiotemporal data [C]//2018 IEEE Statistical Signal Processing Workshop (SSP). June 10 - 13, 2018, Freiburg im Breisgau, Germany. IEEE, 2018: 338-342.

[22] 王磊，谢树果，苏东林，等. 基于时间序列分析的频谱异常自主检测和稳健估计方法[J]. 电子学报，2014，42(6)：1055-1060.

[23] Klapper J. Discrete Fourier analysis and wavelets[J]. Journal of Applied Statistics, 2010, 37(10): 1783-1784.

[24] 胡沁春，刘刚利，高燕，等. 信号与系统[M]. 重庆：重庆大学出版社，2015.

[25] 常西畅，赵力行. 频谱分析仪及其在故障诊断中的应用[M]. 北京：中国宇航出版社，2006.

[26] 李正明，徐敏，潘天红，等. 基于小波变换和 HHT 的分布式并网系统谐波检测方法[J]. 电力系统保护与控制，2014，42(4)：34-39.

[27] 杨建国. 小波分析及其工程应用[M]. 北京：机械工业出版社，2005.

[28] 陈天华. 基于现代信号处理技术的心音与心电信号分析方法[M]. 北京：机械工业出版社，2012.

[29] 宋智，李焱淼. 时频分析在心电信号分析中的应用[J]. 大连交通大学学报，2010，31(2)：56-59.

[30] 段春梅，张涛川，李大成. 基于时频域混合分析的太阳能硅片缺陷检测方法[J]. 机床与液压，2020，48(8)：187-192.

[31] 潘志城，张晋寅，周海滨，等. 基于振动信号时频域特征的换流变真空有载分接开关机械状态检测[J]. 高压电器，2020，56(6)：232-237.

[32] Rajoub B. Characterization of biomedical signals: Feature engineering and extraction [M]//Biomedical Signal Processing and Artificial Intelligence in Healthcare. Amsterdam: Elsevier, 2020: 29-50.

[33] Revathi M, Jeya I J S, Deepa S N. Deep learning-based soft computing model for image classification application[J]. Soft Computing, 2020, 24(24): 18411-18430.

[34] 彭泽武. 基于分箱灰色预测的月用电量数据缺失值处理方法[J]. 现代计算机(专业版)，2017(29)：17-19.

[35] 周志华. 机器学习[M]. 北京：清华大学出版社，2016.

[36] 胡玉兰，郝博，王东明，等. 智能信息融合与目标识别方法[M]. 北京：机械工业出版社，2018.

[37] Guo H W, Huang Y S, Lin C H, et al. Heart rate variability signal features for emotion recognition by using principal component analysis and support vectors machine [C]//2016 IEEE 16th International Conference on Bioinformatics and Bioengineering (BIBE). October 31-November 2, 2016, Taichung, Taiwan, China. IEEE, 2016: 274-277.

[38] 刘家锋，刘鹏，张英涛，等．模式识别[M]．哈尔滨：哈尔滨工业大学出版社，2017.
[39] Tallón Ballesteros Antonio J, Chen Chi Hua. Machine Learning and Artificial Intelligence[M]. IOS Press:2020.
[40]《数据库百科全书》编委会．数据库百科全书[M]．上海：上海交通大学出版社，2009.
[41] 李航．统计学习方法[M]．北京：清华大学出版社，2012.
[42] 郑继刚．数据挖掘及其应用研究[M]. 昆明:云南大学出版社，2014.
[43] Inza I, Larrañaga P, Etxeberria R, et al. Feature subset selection by Bayesian network-based optimization[J]. Artificial Intelligence, 2000, 123(1/2): 157-184.
[44] 陈辉林，夏道勋．基于 CART 决策树数据挖掘算法的应用研究[J]．煤炭技术，2011，30(10)：164-166.
[45] Vapnik V N. Statistical Learning Theory[M]. Chichester: Wiley, 1998.
[46] 罗浩然，杨青．基于情感词典和堆叠残差的双向长短期记忆网络的情感分析[J]．计算机应用，2022，42(4)：1099-1107.
[47] 傅广智．基于交通一卡通大数据平台的公交线路选乘预测研究[D]．广州:广东工业大学，2019.
[48] 傅小康，邹江波，琚春华．信用评估研究综述与演化分析[J]．征信，2021，39(6)：7-15.
[49] 董海鹰．智能控制理论及应用[M]．北京：中国铁道出版社，2016.
[50] 马慧彬. 基于机器学习的乳腺图像辅助诊断算法研究[M]．长沙：湖南师范大学出版社，2016.
[51] 程嘉晖．基于深度卷积神经网络的飞行器图像识别算法研究[D]．杭州:浙江大学，2017.
[52] Goodfellow I, Bengio Y, Courville A. Deep Learning [M]. Cambridge, Massachusetts: The MIT Press, 2016.
[53] 侯雪淞．基于循环神经网络的智能医学问答系统的研究与实现[D]．沈阳:辽宁大学，2022.
[54] Hochreiter S, Schmidhuber J. Long short-term memory[J]. Neural Computation, 1997, 9(8): 1735-1780.
[55] Elmasry W, Akbulut A, Zaim A H. Empirical study on multiclass classification-based network intrusion detection[J]. Computational Intelligence, 2019, 35(4): 919-954.
[56] Graves A, Schmidhuber J. Framewise phoneme classification with bidirectional LSTM and other neural network architectures[J]. Neural Networks, 2005, 18(5/6): 602-610.
[57] Shang H L. A survey of functional principal component analysis [J]. AStA Advances in Statistical Analysis, 2014, 98(2): 121-142.

[58] Majeed S, Mansoor Y, Qabil S, et al. Comparative analysis of the denoising effect of unstructured vs. convolutional autoencoders[C]//2020 International Conference on Emerging Trends in Smart Technologies (ICETST). March 26-27, 2020, Karachi, Pakistan. IEEE, 2020: 1-5.
[59] Barreto F, Yadav S, Patnaik S, et al. SIFT features for deep and variational autoencoders: A performance comparison[C]//2020 2nd International Conference on Advances in Computing, Communication Control and Networking (ICACCCN). December 18-19, 2020, Greater Noida, India. IEEE, 2021: 652-655.
[60] Khan F N, Lau A P T. Robust and efficient data transmission over noisy communication channels using stacked and denoising autoencoders[J]. China Communications, 2019, 16(8): 72-82.
[61] 郭玥秀，杨伟，刘琦，等. 残差网络研究综述[J]. 计算机应用研究，2020，37(5): 1292-1297.
[62] 张广睿. 基于深度残差学习的图像超分辨率重建研究[D]. 西安:西安电子科技大学，2019.
[63] 夏旻，施必成，刘佳，等. 多维加权密集连接卷积网络的卫星云图云检测[J]. 计算机工程与应用，2018，54(20): 184-189.
[64] 徐冰冰，岑科廷，黄俊杰，等. 图卷积神经网络综述[J]. 计算机学报，2020，43(5): 755-780.
[65] 王坤峰，苟超，段艳杰，等. 生成式对抗网络 GAN 的研究进展与展望[J]. 自动化学报，2017，43(3): 321-332.
[66] Lancaster J L, Hasegawa B H. Fundamental Mathematics and Physics of Medical Imaging[M]. Boca Raton: CRC Press, 2016.
[67] Gibbs B P. Advanced Kalman Filtering, Least-Squares and Modeling: A Practical Handbook[M]. Hoboken, NJ, USA: John Wiley & Sons, Inc., 2011.
[68] Goldberg Richard R. Fourier transformations [M]. Cambridge: Cambridge University Press, 1961.
[69] Bhatnagar N. Introduction to Wavelet Transforms [M]. Boca Raton: CRC Press, 2020.
[70] 王婷. EMD 算法研究及其在信号去噪中的应用[D]. 哈尔滨:哈尔滨工程大学，2010.
[71] 肖绪桐，虞天遥. 简述信号特征提取使用小波变换的优点[J]. 今日科苑，2009(12): 163-164.
[72] Pathak P S. The wavelet transform[M]. Amsterdam: Athantis Press, 2019.
[73] Jolliffe I T. Principal Component Analysis[M]. New York, NY: Springer New York, 1986
[74] Zuniga Christian. Singular Value Decomposition for Imaging Applications[M].

Bellingham，wash：SPIE PRESS,2021.
[75] Favier Gérard. Matrix and Tensor Decompositions in Signal Processing [M]. Hoboken：John Wiley & Sons，2021.
[76] Howell Kenneth B.. Principles of Fourier Analysis，Second Edition [M]. Boca Raton：CRC Press，2016.
[77] 王帆. 反导雷达成像及长度特征提取建模仿真研究[D]. 长沙：国防科学技术大学，2009.
[78] 沈姗姗. 宽带雷达高速信号采集及其一维成像和特征提取[D]. 南京：南京理工大学，2009.
[79] 王蕴红，刘国岁，李玺，等. 基于短时傅里叶变换及奇异值特征提取的目标识别方法[J]. 信号处理，1998，14(2)：123-127.
[80] 章毓晋. 计算机视觉教程[M]. 北京：人民邮电出版社，2021.
[81] 张铮，徐超，任淑霞. 数字图像处理与机器视觉[M]. 北京：人民邮电出版社，2014.
[82] 陈佩. 主成分分析法研究及其在特征提取中的应用[D]. 西安：陕西师范大学，2014.
[83] 章浙涛，朱建军，匡翠林，等. 小波包多阈值去噪法及其在形变分析中的应用[J]. 测绘学报，2014，43(1)：13-20.
[84] 童述林，文福拴，陈亮. 电力负荷数据预处理的二维小波阈值去噪方法[J]. 电力系统自动化，2012，36(2)：101-105.
[85] 邱宇. 基于双边滤波的图像去噪及锐化技术研究[D]. 重庆：重庆大学，2011.
[86] 邵敏，何展翔，张立恩. 二维中值滤波在电磁测深曲线去噪中的应用[J]. 物探化探计算技术，2001，23(3)：226-231.
[87] 李珅. 基于稀疏表示的图像去噪和超分辨率重建研究[D]. 西安：中国科学院研究生院(西安光学精密机械研究所)，2014.
[88] 刘蕾. 代数信号处理中二维傅里叶变换算法研究[D]. 哈尔滨：哈尔滨工程大学，2021.
[89] 陈玉文，嵇绍春，钱树华. 线性代数[M]. 2 版. 南京：南京大学出版社，2019.
[90] Yoshio Takane. Constrained Principal Component Analysis and Related Techniques [M]. Boca Raton：CRC Press，2014.
[91] 张德丰. 数字图像处理：MATLAB 版[M]. 2 版. 北京：人民邮电出版社，2015.
[92] 沈理，刘翼光，熊志勇. 人脸识别原理及算法：动态人脸识别系统研究[M]. 北京：人民邮电出版社，2014.
[93] 吕晓玲，宋捷. 大数据挖掘与统计机器学习[M]. 北京：中国人民大学出版社，2016.
[94] 葛显龙，王伟鑫，李顺勇. 智能算法及应用[M]. 成都：西南交通大学出版社，2017.
[95] 刘冰，郭海霞. MATLAB 神经网络超级学习手册[M]. 北京：人民邮电出版社，2014.
[96] 吴进. 语音信号处理实用教程[M]. 北京：人民邮电出版社，2015.

[97] 杨煜，赵河明，彭志凌，等．基于多层前向型神经网络的步态分类方法[J]．自动化与仪器仪表，2021(3)：18-21.
[98] 阮秋琦．数字图像处理学[M]．2 版．北京：电子工业出版社，2007.
[99] 徐朴，郭莉，冯衍秋，等．基于高阶奇异值分解和 Rician 噪声校正模型的扩散加权图像去噪算法[J]．南方医科大学学报，2021，41(9)：1400-1408.
[100] Yanai H R，Takeuchi K，Takane Y．Generalized inverse matrices[M]//Projection Matrices，Generalized Inverse Matrices，and Singular Value Decomposition．New York，NY：Springer New York，2011：55-86.
[101] 徐联微，杨晓梅．基于迭代张量高阶奇异值分解的运动目标提取[J]．计算机应用研究，2016，33(9)：2856-2861.
[102] 郭贤．基于张量的遥感影像去噪、特征提取和分类方法研究[D]．武汉：武汉大学，2015.
[103] Tabatabaian M．Tensor Analysis for Engineers：Transformations and Applications [M]．Dulles，Virginia：Mercury Learning and Information，2019.
[104] 姜丹丹．张量奇异值及高阶奇异值分解具有的若干性质[D]．哈尔滨：哈尔滨工业大学，2017.
[105] Liang J L，He Y，Liu D，et al．Image fusion using higher order singular value decomposition[J]．IEEE Transactions on Image Processing：a Publication of the IEEE Signal Processing Society，2012，21(5)：2898-2909.
[106] 胡文锐，谢源，张文生．基于高阶奇异值分解和均方差迭代的图像去噪[J]．中国图象图形学报，2014，19(11)：1563-1569.
[107] 蒋胜利．高维数据的特征选择与特征提取研究[D]．西安：西安电子科技大学，2011.
[108] 史丽丽．基于稀疏分解的信号去噪方法研究[D]．哈尔滨：哈尔滨工业大学，2013.
[109] Lu H P，Plataniotis K N，Venetsanopoulos A N．MPCA：Multilinear principal component analysis of tensor objects[J]．IEEE Transactions on Neural Networks，2008，19(1)：18-39.
[110] 杨兵．基于张量数据的机器学习方法研究与应用[D]．北京：中国农业大学，2014.
[111] 曾奎，何丽芳，杨晓伟．基于多线性主成分分析的支持高阶张量机[J]．南京大学学报(自然科学)，2014，50(2)：219-227.
[112] Abdi H，Willams L J．Principal component analysis[J]．WIREs comp stat，2010，2：433-459.
[113] 龚春林，赤丰华，谷良贤，等．基于 Karhunen-Loève 展开的分布式变体飞行器最优控制方法[J]．航空学报，2018，39(2)：121518.
[114] 李建军．基于图像深度信息的人体动作识别研究[M]．重庆：重庆大学出版社，2018.
[115] 赵越，徐鑫，乔利强．张量线性判别分析算法研究[J]．计算机技术与发展，2014，

24(1)：73-76.

[116] Wang J，Barreto A，Wang L，et al. Multilinear principal component analysis for face recognition with fewer features[J]. Neurocomputing，2010，73(10/11/12)：1550-1555.

[117] 刘亚楠，涂铮铮，罗斌. 基于加权高阶奇异值分解的支持张量机图像分类[J]. 微电子学与计算机，2014，31(5)：28-31.

[118] Chen Y Y，Lu L Y，Zhong P. One-class support higher order tensor machine classifier[J]. Applied Intelligence，2017，47(4)：1022-1030.

[119] 赵新斌. 基于张量数据的分类方法与应用[D]. 北京：中国农业大学，2015.

[120] 杨兵. 基于张量数据的机器学习方法研究与应用[D]. 北京：中国农业大学，2014.

[121] Kotsia I，Guo W W，Patras I. Higher rank Support Tensor Machines for visual recognition[J]. Pattern Recognition，2012，45(12)：4192-4203.

[122] 程炳飞. 基于张量的心电特征提取及模式分类方法研究[D]. 上海：上海交通大学，2014.

[123] 徐盼盼，杨宁，李淑龙. 基于支持张量机算法和 3D 脑白质图像的阿尔兹海默病诊断[J]. 中山大学学报(自然科学版)，2018，57(2)：52-60.

[124] 丘柳东，王牛，李瑞峰. 机器人构建实战："创意之星"工程套件实践与创意[M]. 北京：人民邮电出版社，2017.

[125] 喻一帆. 我国工业机器人产业发展探究[D]. 武汉：华中科技大学，2016.

[126] 周济. 智能制造："中国制造 2025"的主攻方向[J]. 中国机械工程，2015，26(17)：2273-2284.

[127] 陈东岳. 具有感知和认知能力的智能机器人若干问题的研究[D]. 上海：复旦大学，2007.

[128] Chang N B，Bai K X. Multisensor Data Fusion and Machine Learning for Environmental Remote Sensing[M]. Taylor and Francis：CRC Press，2018.

[129] 陶永，王田苗，刘辉，等. 智能机器人研究现状及发展趋势的思考与建议[J]. 高技术通讯，2019，29(2)：149-163.

[130] Anandan，Tanya M. Safety and control in collaborative robotics[J]. Control engineering：Covering control，instrumentation，and automation systems worldwide，2013，60(09)：24-26，28.

[131] Zanchettin A M，Ceriani N M，Rocco P，et al. Safety in human-robot collaborative manufacturing environments：Metrics and control[J]. IEEE Transactions on Automation Science and Engineering，2016，13(2)：882-893.

[132] Gutmann J S，Fukuchi M，Fujita M. 3D perception and environment map generation for humanoid robot navigation[J]. The International Journal of Robotics Research，2008，27(10)：1117-1134.

[133] Schmitz A，Maiolino P，Maggiali M，et al. Methods and technologies for the

implementation of large-scale robot tactile sensors[J]. IEEE Transactions on Robotics, 2011, 27(3): 389-400.

[134] Fanaei A, Farrokhi M. Robust adaptive neuro-fuzzy controller for hybrid position/force control of robot manipulators in unknown environment[J]. Journal of Intelligent and Fuzzy Systems, 2006, 17(2): 125-144.

[135] Norouzi M, Miro J V, Dissanayake G. Planning stable and efficient paths for reconfigurable robots on uneven terrain[J]. Journal of Intelligent & Robotic Systems, 2017, 87(2): 291-312.

[136] Shi G D, Johansson K H. Multi-agent robust consensus: Convergence analysis and application[EB/OL]. 2011: arXiv: 1108.3226. https://arxiv.org/abs/1108.3226.

[137] Sun Y G, Wang L, Xie G M. Average consensus in networks of dynamic agents with switching topologies and multiple time-varying delays[J]. Systems & Control Letters, 2008, 57(2): 175-183.

[138] Brambilla M, Ferrante E, Birattari M, et al. Swarm robotics: A review from the swarm engineering perspective[J]. Swarm Intelligence, 2013, 7(1): 1-41.

[139] 张文志，吕恬生. 强化学习理论在机器人应用中的几个关键问题探讨[J]. 计算机工程与应用，2004，40(4)：69-71.

[140] 黄深喜，樊晓平，杨安平. 国标点阵汉字库的快速访问方法[J]. 单片机与嵌入式系统应用，2001，1(9)：77-78.

[141] Reinforcement Learning[M]. INTECH Open Access Publisher, 2008.

[142] 姜允侃. 无人驾驶汽车的发展现状及展望[J]. 微型电脑应用，2019，35(5)：60-64.

[143] 端木庆玲，阮界望，马钧. 无人驾驶汽车的先进技术与发展[J]. 农业装备与车辆工程，2014，52(3)：30-33.

[144] 陈春林. 基于强化学习的移动机器人自主学习及导航控制[D]. 合肥：中国科学技术大学，2006.

[145] 夏群峰，彭勇刚. 基于视觉的机器人抓取系统应用研究综述[J]. 机电工程，2014，31(6)：697-701.

[146] 谭民，王硕. 机器人技术研究进展[J]. 自动化学报，2013，39(7)：963-972.

[147] Wang S S, Green M, Malkawa M. E-911 location standards and location commercial services[C]//2000 IEEE Emerging Technologies Symposium on Broadband, Wireless Internet Access. Digest of Papers (Cat. No. 00EX414). April 10-11, 2000, Richardson, TX, USA. IEEE, 2002: 5pp.

[148] 阮陵，张翎，许越，等. 室内定位：分类、方法与应用综述[J]. 地理信息世界，2015，22(2)：8-14.

[149] Waldemar Nawrocki. Introduction to Quantum Metrology[M]. Springer, Cham:

2019.
[150] 赵鑫. 基于生物电信号的上肢康复机器人的研究[D]. 天津：天津理工大学，2016.
[151] 邹璇. GNSS 单频接收机精密点定位统一性方法的研究[D]. 武汉：武汉大学，2010.
[152] D'Roza T, Bilchev G. An overview of location-based services[J]. BT Technology Journal, 2003, 21(1): 20-27.
[153] 赵亮,冯军帅,王天喜,等. GPS 授时与卫星定位技术在太阳跟踪系统中的应用[J]. 节能技术,2011,29(5):387-399.
[154] 牛淙钰. 基于信号强度的无线局域网定位技术[J]. 中国高新科技,2018(1):39-41.
[155] 庄春华，赵治华，张益青，等. 卫星导航定位技术综述[J]. 导航定位学报，2014，2(1)：34-40.
[156] 张建博,袁亮,何丽. 基于深度预测的单目 SLAM 绝对尺度估计[J]. 计算机工程与设计,2021,42(6):1749-1755.
[157] 戴洪德,张笑宇,郑百东,等. 基于零速修正与姿态自观测的惯性行人导航算法[J]. 北京航空航天大学学报,2022,48(7):1135-1144.
[158] Gao X, Zhang T. Introduction to Visual SLAM: From Theory to Practice[M]. Singapore: Springer Singapore, 2021.
[159] 王解先，王军，陆彩萍. WGS-84 与北京 54 坐标的转换问题[J]. 大地测量与地球动力学，2003，23(3)：70-73.
[160] 宋雷，黄腾，方剑，等. 基于贝叶斯正则化 BP 神经网络的 GPS 高程转换[J]. 西南交通大学学报，2008，43(6)：724-728.
[161] 石晓伟，张会清，邓贵华. 基于 BP 神经网络的距离损耗模型室内定位算法研究[J]. 计算机测量与控制，2012，20(7)：1944-1947.
[162] Levi R W, Judd T. Dead reckoning navigational system using accelerometer to measure foot impacts: US5583776[P]. 1996-12-10.
[163] 宣秀彬. 基于 Wi-Fi 和航位推算的室内定位方法研究[D]. 秦皇岛：燕山大学，2013.
[164] 孙小芹. 基于多传感器信息融合的行人室内定位算法研究[D]. 秦皇岛：燕山大学，2018.
[165] 张可. 车辆导航系统关键技术研究[D]. 北京：北京工业大学，2001.
[166] 马群飞. 基于强化学习的电动汽车路线规划方法研究[D]. 北京：华北电力大学(北京)，2020.
[167] 杨晓伟. 基于交通大数据的旅游车辆路线规划技术研究[D]. 杭州：杭州电子科技大学，2020.
[168] Singh R, Kumar Thakur A, Gehlot A, et al. Internet of Things for Agriculture 4.0: Impact and Challenges[M]. Boca Raton: Apple Academic Press, 2021.
[169] 濮永仙. 物联网智能农业系统在果蔬种植中的应用[J]. 计算机与数字工程，2016，

44(6)：1097-1102.
[170] 饶晓燕，吴建伟，李春朋，等. 智慧苹果园“空-天-地”一体化监控系统设计与研究[J]. 中国农业科技导报，2021，23(6)：59-66.
[171] 李林. 智慧城市建设思路与规划[M]. 南京：东南大学出版社，2012.
[172] 陈罡. 城市环境设计与数字城市建设[M]. 南昌：江西美术出版社，2019.
[173] 姜爱林. 数字城市发展研究论纲[J]. 科技与经济，2004，17(3)：58-61.
[174] Keller E. Book reviews[J]. Government Information Quarterly，2014，31(1)：208-209.
[175] 高艳，韩志明. 清晰与模糊交织的治理图景：城市数字化转型的前景及未来[J]. 浙江学刊，2022(3)：25-34.
[176] 李林. 智慧城市建设思路与规划[M]. 南京：东南大学出版社，2012.
[177] 李德仁，邵振峰，杨小敏. 从数字城市到智慧城市的理论与实践[J]. 地理空间信息，2011,9(6)：1-5.
[178] 李德仁，胡庆武. 基于可量测实景影像的空间信息服务[J]. 武汉大学学报(信息科学版)，2007，32(5)：377-380.
[179] 李德仁，朱庆，李霞飞. 数码城市：概念、技术支撑和典型应用[J]. 武汉测绘科技大学学报，2000，25(4)：283-288.
[180] 朱庆. 3维地理信息系统技术综述[J]. 地理信息世界，2004，11(3)：8-12.
[181] 李旭. 空间分析技术与地理信息系统的结合及实践应用[J]. 世界有色金属，2017(3)：243-244.
[182] 杜明义，刘扬. 物联网在城市精细化管理中的应用[J]. 测绘科学，2017，42(7)：94-102.
[183] Luvisi A，Lorenzini G. RFID-plants in the smart city：Applications and outlook for urban green management[J]. Urban Forestry & Urban Greening，2014，13(4)：630-637.
[184] 邹湘军，孙健，何汉武，等. 虚拟现实技术的演变发展与展望[J]. 系统仿真学报，2004，16(9)：1905-1909.
[185] Kim S K，Roh M I，Kim K S. Arrangement method of offshore topside based on an expert system and optimization technique[J]. Journal of Offshore Mechanics and Arctic Engineering，2017，139(2)：021302(1)-021302(19).
[186] Vukadinović K，Teodorović D，Pavković G. A neural network approach to the vessel dispatching problem[J]. European Journal of Operational Research，1997，102(3)：473-487.
[187] 江福才，范庆波，马全党，等. SARIMA-Markov 模型在船舶交通流量预测中的应用[J]. 武汉理工大学学报(交通科学与工程版)，2018，42(4)：609-615.
[188] 李晓磊，肖进丽，刘明俊. 基于 SARIMA 模型的船舶交通流量预测研究[J]. 武汉理工大学学报(交通科学与工程版)，2017，41(2)：329-332.

[189] 李士军，温竹，宫鹤，等. 无线传感器网络在农业中的应用进展[J]. 浙江农业学报，2014，26(6)：1715-1720.

[190] 安德里亚・卡拉留，基娅拉・德・波，彼特・尼坎，等. 欧洲智慧城市[J]. 城市观察，2012(4)：26-44.

[191] 秦志光，丁熠，王瑞锦，等. 智慧城市中的物联网技术[M]. 北京：人民邮电出版社，2015.

[192] 廖旺才，胡广书，杨福生. 心率变异性的非线性动力学分析及其应用[J]. 中国生物医学工程学报，1996，15(3)：193-201.

[193] 彭静，彭承琳. 混沌理论和方法在医学信号处理中的应用[J]. 国际生物医学工程杂志，2006，29(2)：124-127.

[194] Gacek A，Pedrycz W. ECG Signal Processing，Classification and Interpretation [M]. London：Springer London，2012.

[195] 江依法，周青，陈伟燕. 一种改进的模板匹配算法及其在 ECG 波形识别中的应用[J]. 中国生物医学工程学报，2012，31(5)：775-780.

[196] 张泾周，王艳芳，张光磊，等. 多层前向神经网络在 ECG 信号滤波中的应用[J]. 陕西科技大学学报，2006，24(2)：81-85.

[197] 罗志增，鲁先举，周莹. 基于脑功能网络和样本熵的脑电信号特征提取[J]. 电子与信息学报，2021，43(2)：412-418.

[198] 张仁龙，马文丽，姚文娟，等. 基于小波包变换对脑电信号的分析和处理[J]. 电子测量技术，2007，30(3)：22-24.

[199] Zhao H，Zheng Q Q，Ma K，et al. Deep representation-based domain adaptation for nonstationary EEG classification[J]. IEEE Transactions on Neural Networks and Learning Systems，2021，32(2)：535-545.

[200] 陈景霞，王丽艳，贾小云，等. 基于深度卷积神经网络的脑电信号情感识别[J]. 计算机工程与应用，2019，55(18)：103-110.

[201] 牛亚峰. 基于脑电技术的数字界面可用性评价方法研究[M]. 南京：东南大学出版社，2019.

[202] Deepu C J，Lian Y. A joint QRS detection and data compression scheme for wearable sensors[J]. IEEE Transactions on Bio-Medical Engineering，2015，62(1)：165-175.

[203] Huang H F，Hu G S，Zhu L. Sparse representation-based heartbeat classification using independent component analysis[J]. Journal of Medical Systems，2012，36(3)：1235-1247.

[204] Escalona-Morán M A，Soriano M C，Fischer I，et al. Electrocardiogram classification using reservoir computing with logistic regression[J]. IEEE Journal of Biomedical and Health Informatics，2015，19(3)：892-898.

[205] Oster J，Behar J，Sayadi O，et al. Semisupervised ECG ventricular beat

classification with novelty detection based on switching Kalman filters[J]. IEEE Transactions on Biomedical Engineering, 2015, 62(9): 2125-2134.

[206] Zhao L L, Wu W Q, Liang Z Q, et al. Changes in EEG measurements in intractable epilepsy patients with neurofeedback training[J]. Progress in Natural Science, 2009, 19(11): 1509-1514.

[207] Pasquale Arpaia, Antonio Esposito, Ludovica Gargiulo, Nicola Moccaldi. Wearable Brain-Computer Interfaces: Prototyping EEG-Based Instruments for Monitoring and Control[M]. Boca Raton: CRC Press, 2022.

[208] Fazel-Rezai R. Recent Advances in Brain-Computer Interface Systems [M]. London: Intechopen, 2011.

后　记

本书总结了传统的信号处理方法与人工智能的结合，首先从智能信号的介绍入手，介绍了智能信号处理的基础——传统信号处理的基础和人工智能基础。其次对一维、二维、三维信号智能处理的定义、原理、优缺点及适用范围进行了介绍和阐述。最后对智能信号处理在机器人、定位、农业、城市、医疗等领域的具体应用进行了阐述。如有内容不够全面、准确的地方，恳请读者补充。

本书对近几年来智能信号处理问题的研究成果进行了补充和完善，不仅为我们深入理解智能信号处理的产生、发展和演化奠定了坚实的基础，同时也为用多种方法分析求解多维张量提供了严格的依据。

智能是推动科技进步的重要方式，信号与信息处理技术的建设和成长过程必将朝着科技化、智能化的方向发展。目前阶段，科技化、智能化信息技术虽然还存在一些不足之处，但只要我国科技专家、学者都能采取适当的方法，解决科技化、智能化信息技术中的不足，必将改变这种状况，加快智能信号与信息处理技术的发展，使我国的科技和智能技术更先进，应用更广泛。

目前，智能信号处理技术已成为一个新兴学科，随着人工智能的发展，数字信号处理不但能够在普通电脑上完成，同时还可实现高度自动化，大大提高处理速度和精度。智能信号处理技术的先进性和使用的广泛性使它获得了快速的发展，具有广阔的应用前景。数字化信号处理方法已在声音信号处理通信技术、声呐、雷达、地震信号处理、航空技术、工业自动控制、仪器与仪表、生物医学工程技术、家用电器等领域获得了应用。

希望本书能成为指导智能信号处理领域的学习者的著作，虽然我们一直在努力，但由于水平有限，不可避免会出现一些错误，希望读者和专家给予批评指正。

作者

2023 年 9 月